빛깔있는 책들 301-41

백두고원

글·사진/김태정, 이영준, 한상훈 ●기획/KBS

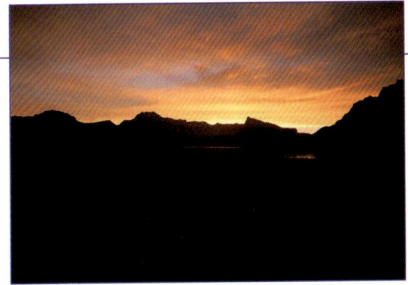

대원사

※ 이 책은 KBS가 남북 방송 교류 사업으로 진행한 〈백두고원을 가다〉의 탐사 내용을 책자로 발간한 것이다.

김태정

1942년 충남 부여에서 태어났다. 한국야생화연구소 소장으로 1980년대 민통선 북방 지역 및 서해 외연열도, 안마군도와 백두산 북부·동부·서부 지역 및 북한의 백두고원 학술 탐사, 독도 생태 조사 등의 각 지역 학술 생태 조사에 참가하였다. 주요 저서로『약이 되는 야생초』『집에서 기르는 야생화』『약용식물』『휴전선의 야생화』『우리 꽃 백가지』『쉽게 찾는 우리 꽃』『한국의 자원식물』『한국야생화도감』『어린이 식물도감』외 다수가 있다.

이영준

1963년 부산에서 태어나 1986년 고려대학교 지질학과를 졸업하였다. 구조지질학을 전공하여 1991년 미국 뉴욕주립대학(Albany)에서 이학 석사 학위를, 텍사스 A&M대학교에서 이학 박사 학위를 취득하였다. 고려대학교 기초과학연구소에서 연구 교수로 활동하였으며, 현재 한국환경정책·평가연구원에서 책임연구원으로 재직하고 있다.

한상훈

1961년 부산에서 태어나 경희대학교 생물학과를 졸업했다. 동경농대를 거쳐 북해도대학에서 동물학을 전공해 농학 박사 학위를 받았다. 환경부 자연보전국 생태조사단에서 일했으며, 현재는 한국자연환경과학정보연구센터의 대표를 맡고 있다. 또한 사단법인 한국환경정보연구센터 자연생태분과위원장, 야생동물연합 상임의장, 국제자연보존연맹 종보존위원회 두루미전문가그룹의 한국위원 등으로 활발하게 활동하고 있다. 저서로『지구상에 사라진 동물들』『한반도의 자연 환경과 야생동물』등이 있다.

백두고원

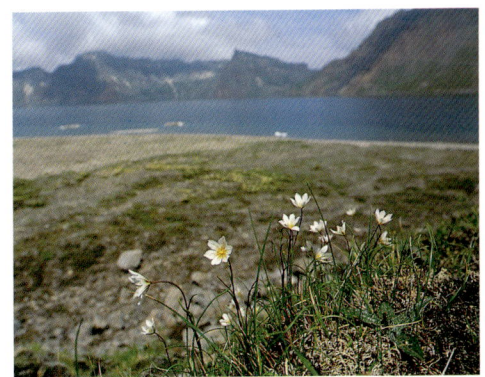

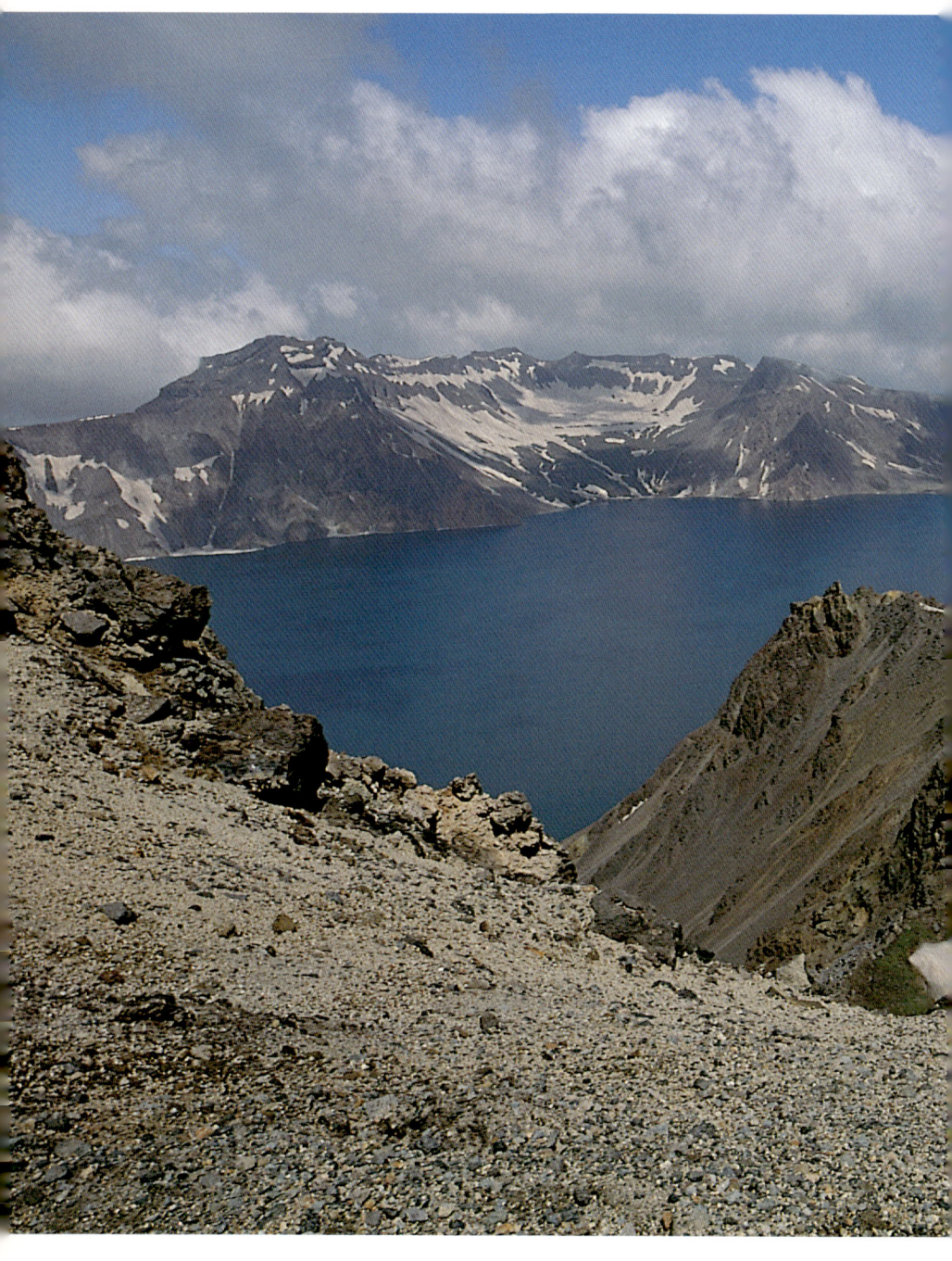

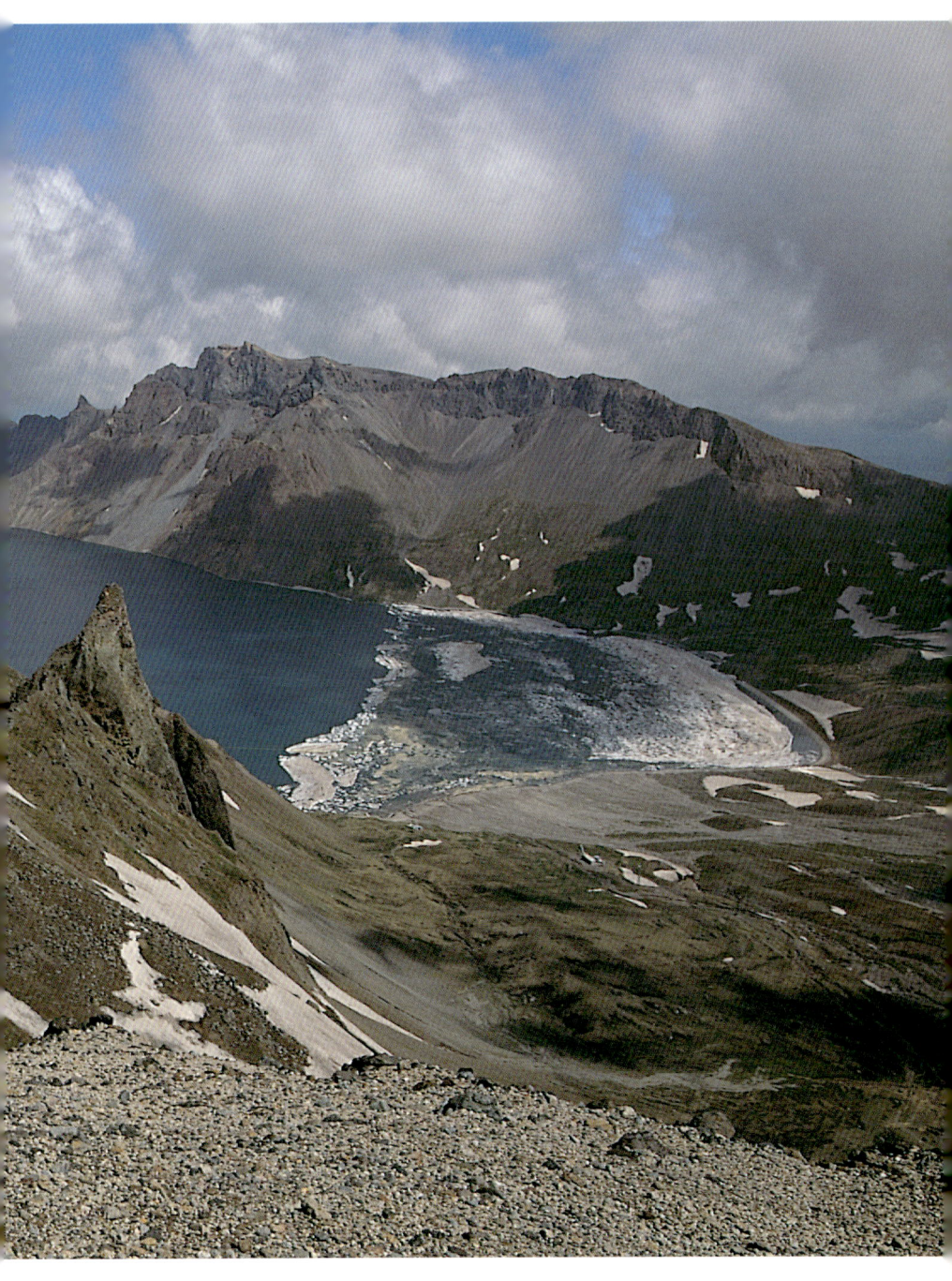

머리말

반세기 이상 굳게 걸려 있던 남과 북 사이의 빗장이 2000년의 6·15 남북 정상회담을 계기로 풀리기 시작했다. 정부 당국간의 협상과 왕래, 서울과 평양의 남북 이산가족 교차 방문, 금강산 관광 등은 남북 화해와 협력의 분위기를 더욱 고조시켰다. 민간 부문의 대북 경협사업이 더욱 활성화되었고, 방송 등 사회·문화 부문에서도 활발한 접촉이 이루어졌다.

그해 9월, KBS는 중추절을 맞아 북한의 조선중앙텔레비전과 공동으로 2000년 한민족 특별기획 〈백두에서 한라까지〉를 제작했다. 백두산 천지, 한라산 백록담, 서울의 KBS 스튜디오를 잇는 3원 생방송은 50여 년간 단절되었던 남북을 전파를 통해 하나로 이어준, 방송사상 길이 남을 대사건이었다. 이 같은 경험과 북측과의 신뢰 관계를 바탕으로 2001년에도 'KBS 남북 방송 교류 5대 프로젝트'를 성사시키는 성과를 올렸다. 이 5대 프로젝트 가운데 하나가 바로 자연 다큐멘터리 KBS 스페셜 〈백두고원을 가다〉의 제작이었다.

취재팀은 한 달여 동안 백두산을 포함한 백두고원을 샅샅이 누비며 기본 식생과 지질, 그 위에서 살아가는 동물들을 정성껏 카메라에 담았다. 취재팀은 밀림 속의 모기떼는 물론 밤이 되면 수은주가 뚝 떨어지는 추위와 싸워야 했다. 게다가 끼니를 스스로 해결해야 하는 등 야영 생활로 인한 불편함은 이루 말할 수 없을 정도였다.

이 같은 열악한 취재 환경에도 불구하고 이번 취재에서는 적지 않은 성과를 거두었다. 동물 추적팀은 백두산 천지에 서식하는 우는토끼의 실체를 카메라에 생생하게 담는 데 성공했으며, 우는토끼들이 천지는 물론 해발

2,000미터의 수목한계선 일대에 이르기까지 넓은 지역에서 서식하고 있음을 밝혀 냈다. 이와 함께 소백산 일대에서는 처음으로 긴꼬리올빼미의 생태를 확인할 수 있었다.

기본 식생 촬영팀도 기록은 있으나 지금까지 실체를 확인하지 못했던 국경바람꽃을 비롯한 5종의 야생화를 카메라에 담아 냈다. 특히 수목한계선을 배경으로 3, 4일 주기로 피어나는 좀참꽃, 노랑만병초 등 백두산에서만 볼 수 있는 대규모 야생화 군락의 비경도 촬영했다.

KBS는 백두고원의 자연 생태를 다룬 자연 다큐멘터리, KBS 스페셜 〈백두고원을 가다〉를 제작해 2001년 8월 14일 방영했다(방송 시간 60분). 또 8월 10일부터 19일까지는 예술의전당에서 〈백두고원 생태사진전〉을 열어 관람객들의 관심을 모았다.

KBS는 이 보고서가 방송사상 최초로 북한의 백두고원을 탐사해 동·식물들을 촬영한 진귀한 자료로서의 학술적 가치가 높다는 평가에 따라, 이렇게 책으로 내놓게 되었다. 아무쪼록 이 책이 북한의 동·식물을 연구하는 전문가들은 물론, 이 분야에 관심을 갖고 있는 분들에게 많은 도움이 되기를 바란다.

KBS가 기획한 KBS 스페셜 〈백두고원을 가다〉에 바쁜 일들을 뒤로하면서 기꺼이 동참해 주고 책이 나오기까지 열과 성을 다해 주신 김태정 박사와 한상훈 박사 그리고 이영준 박사께 거듭 감사의 말씀을 드린다. 아울러 이 책의 발간에 흔쾌히 동의해 주고 애써 주신 대원사 여러분들에게도 감사드린다.

KBS 남북교류협력기획단

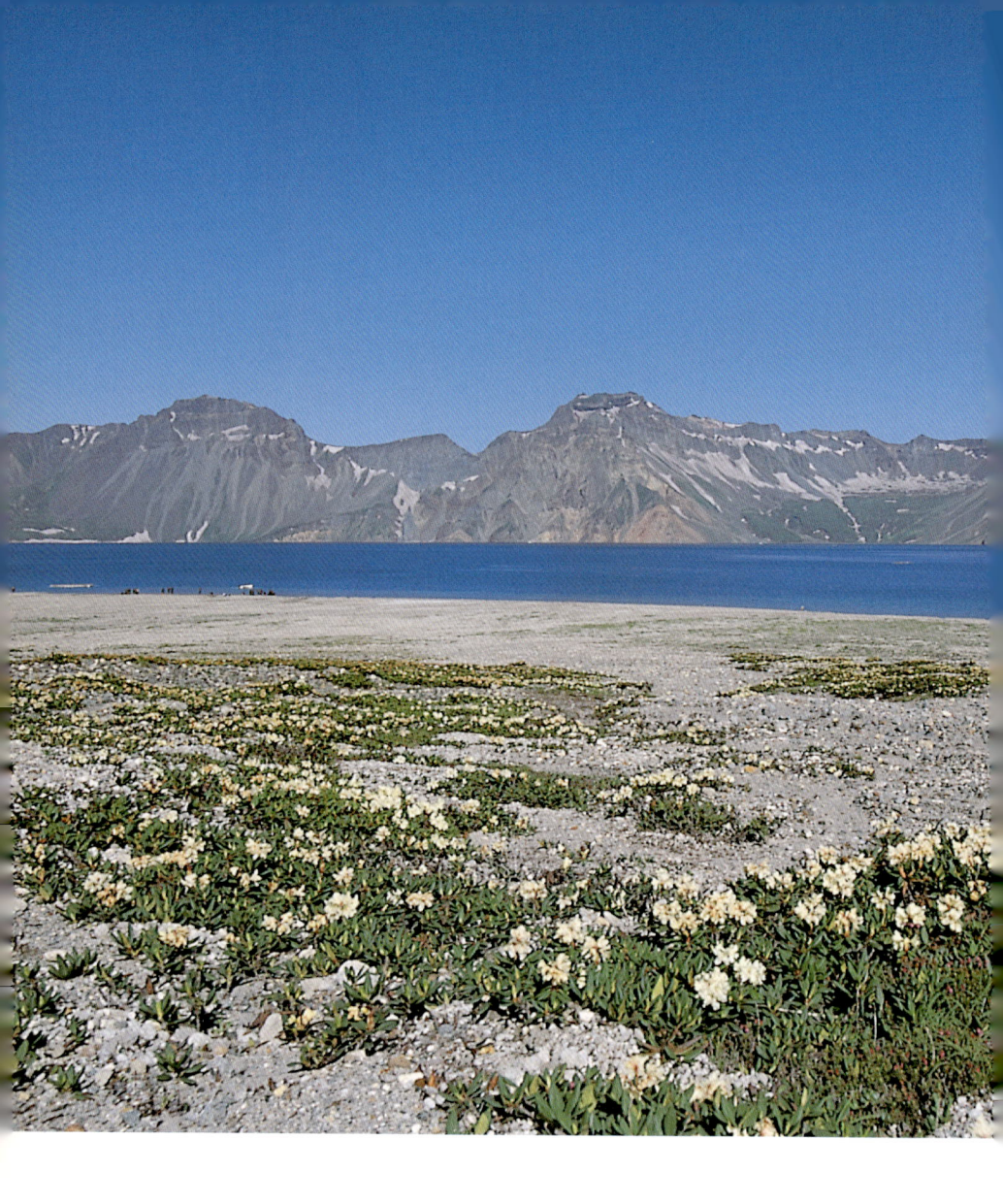

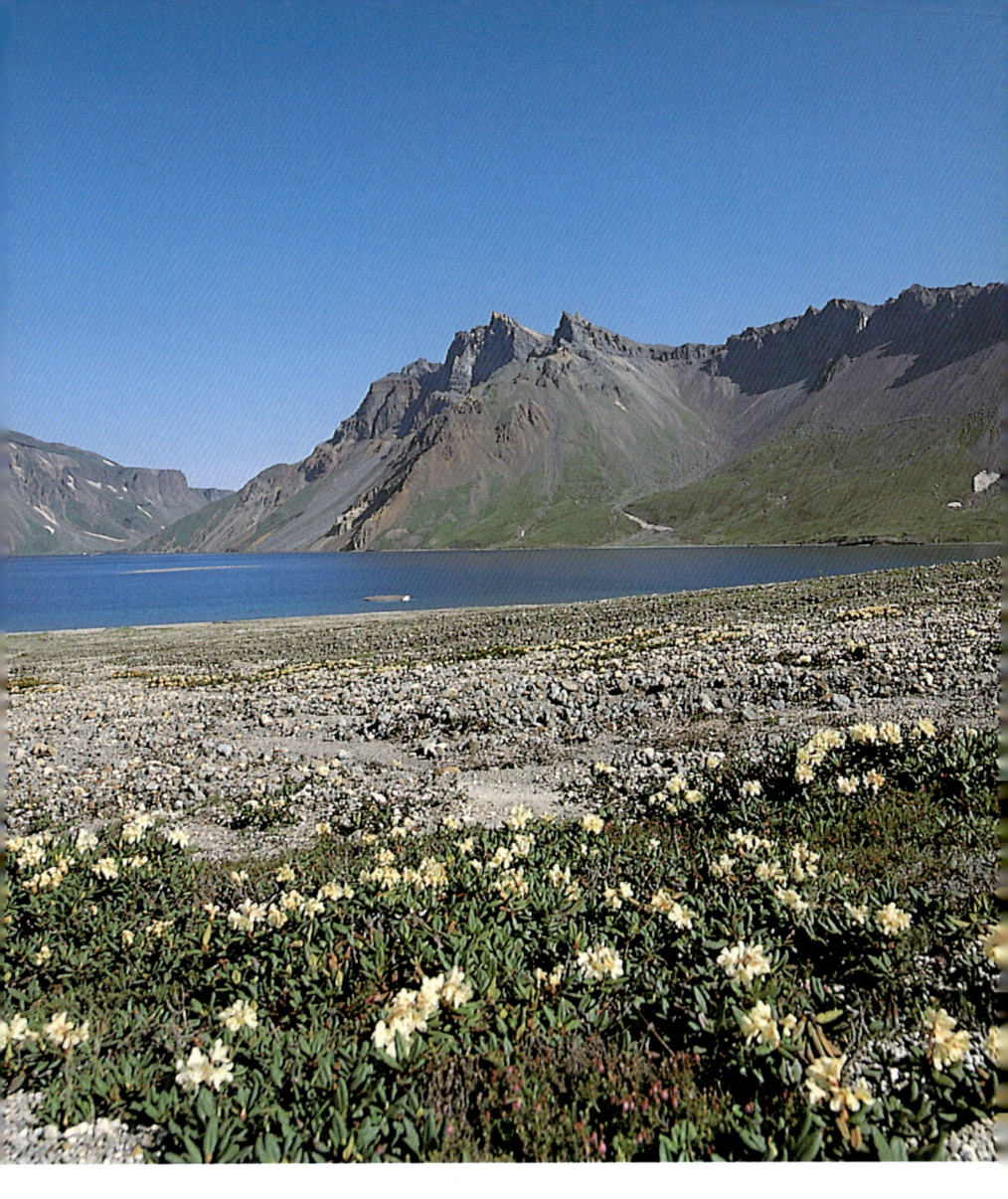

백두산 천지 만병초 군락이 펼쳐진 초원과 천지 건너편으로 중국의 청석봉과 백운봉, 달문, 천지의 동쪽 천문봉이 보인다.

백두고원 탐사기

2001년 5월 28일 월요일. KBS 취재팀은 국내 언론사상 처음으로 미지의 땅 백두고원을 취재하기 위해 중국 베이징으로 출발했다. 매주 화요일과 토요일, 일주일에 두 차례 정기 운항하는 베이징발 평양행 고려항공을 이용해 평양으로 가기 위해서다.

이튿날인 5월 29일 오전 11시, 백두고원 취재팀은 베이징을 뒤로하고 평양으로 출발했다. 평양을 처음으로 방문한다는 설렘도 컸지만 백두고원을 취재할 수 있다는 생각에 가슴이 뭉클해졌다.

평양에 도착해 고려호텔에 숙소를 정하고 다음날 백두산 삼지연으로 떠날 준비를 마쳤다. 이번 취재의 안내를 맡은 북한의 '민족화해협의회' 소속 안내원들과도 상견례를 했다.

2001년 5월 30일 오전 10시 30분. 고려항공 소속의 러시아제 쌍발기가 순안공항을 이륙하여 백두고원의 삼지연 지구로 향하였다. 드디어 고대하던 백두고원 취재가 시작된 것이다.

이번 취재는 국내 방송사상 최초로 북한이 KBS에 백두고원을 공개한다는 데 의미가 있으며, 그만큼 북한의 자연 취재에 대한 우리의 갈망이 컸기 때문에 가능한 대사건이었다. 취재를 위해 34일이라는 결코 짧지 않은 취재 기간이 주어졌고 카메라맨 3명, 프로듀서 2명, 외부 전문가 3명이라는 보기 드문 최상의 팀이 꾸려졌다.

30년 이상 야생화를 연구한 김태정 박사, 포유동물 연구 분야에서 독보적인 업적을 쌓은 한상훈 박사, 고려대학교에서 지질학을 연구하는 이영준 박사 등 외부 전문가 3명은 각 분야에서 대표적인 역량을 갖춘 사람들이었다.

영상제작국에서 선발된 김종환, 김관수, 강규원 촬영감독 역시 산악 오지에서 다년간 경험을 쌓은 베테랑이었다. 취재 팀장을 맡은 설상환, 이은수 프로듀서는 자연 다큐멘터리 제작에 일가견을 가진 전문가들로, 취재를 위해 히말라야 등정에 동행하는 등 험준한 산악지대 취재에 많은 경험을 가진 사람들이었다.

취재 준비

　익히 알려진 바와 같이 북한은 식량 사정이 좋지 않을 뿐 아니라, 외부인에게 주민들과의 접촉을 허락하지 않는다. 따라서 백두고원을 취재하려면

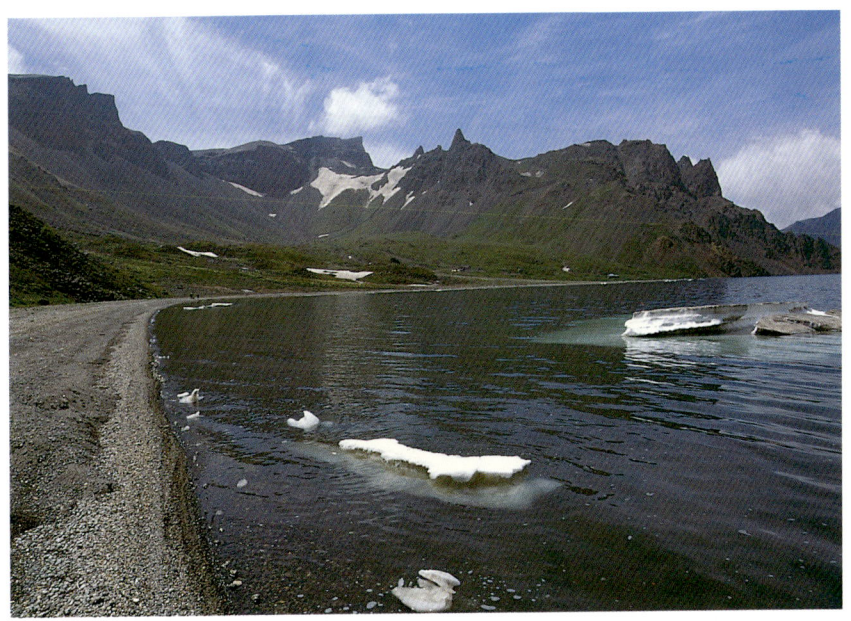

백두산 천지 동쪽　국경지대에서 바라본 천지의 동쪽 전경으로 향도봉, 장군봉, 비류봉 등이 선명하게 모습을 드러내고 있다.

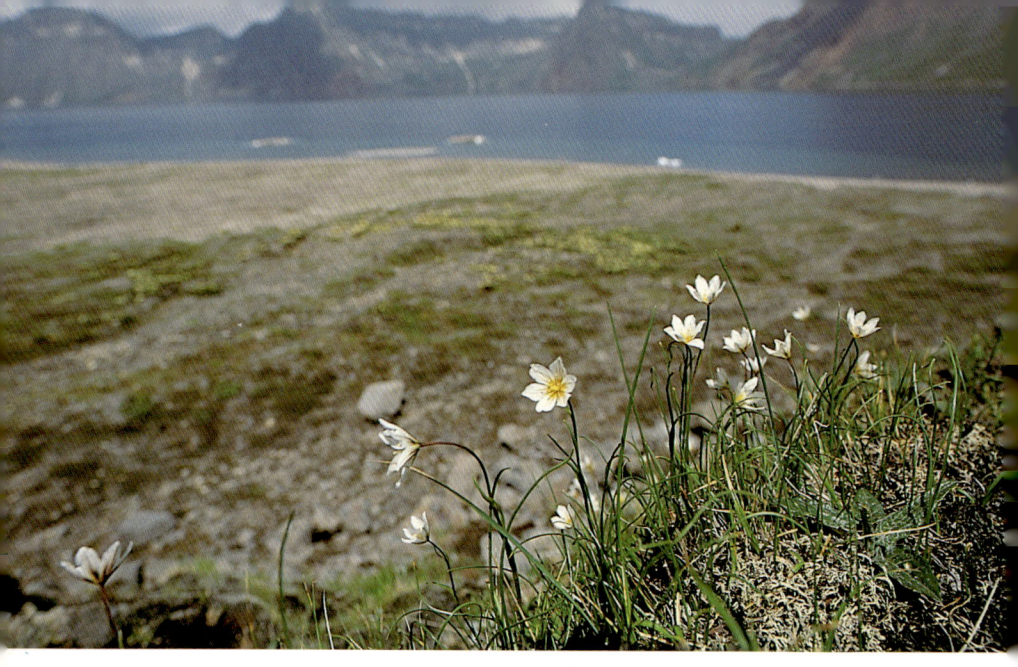

천지 주변의 개감채 군락 심한 바람과 변화무쌍한 날씨 때문에 식물이 자라기 어려운 천지 호반에 개감채가 군락을 이루어 자라고 있다.

야영 생활을 해야 했다. 쌀과 부식 등 식량도 남쪽에서 미리 가져가야 했으므로 5월 한 달은 야영 도구와 촬영 장비, 식량 등을 준비하면서 보냈다.

전기 사정을 고려해 발전기 2대와 태양광을 이용하는 솔라 충전기도 마련했다. 촬영 장비에도 각별히 신경을 썼는데, 디지털 베타캄 2대와 6㎜ 카메라 2대, 미속 촬영 장비, 적외선 렌즈, 400㎜ 망원렌즈, 광각렌즈, 간이 수중촬영 장비 등이 동원되었다.

특히 차량은 북한의 산악 지형에서도 자유자재로 다닐 수 있도록 지프 2대를 마련했다. 아울러 열악한 현장 조건을 고려해 보조 연료 탱크와 캐리어를 개조해 부착하고 예비 타이어와 수리 공구 등을 준비해 만일의 사태에 대비했다.

이렇게 준비한 취재 장비와 5톤 분량의 식량 및 야영 도구, 전문가 3명의 부대 장비와 채집 도구, 표본 제작용 장비, 지도 등을 모아 놓고 보니 흡사 미개척지를 향해 떠나는 탐사팀을 방불케 했다.

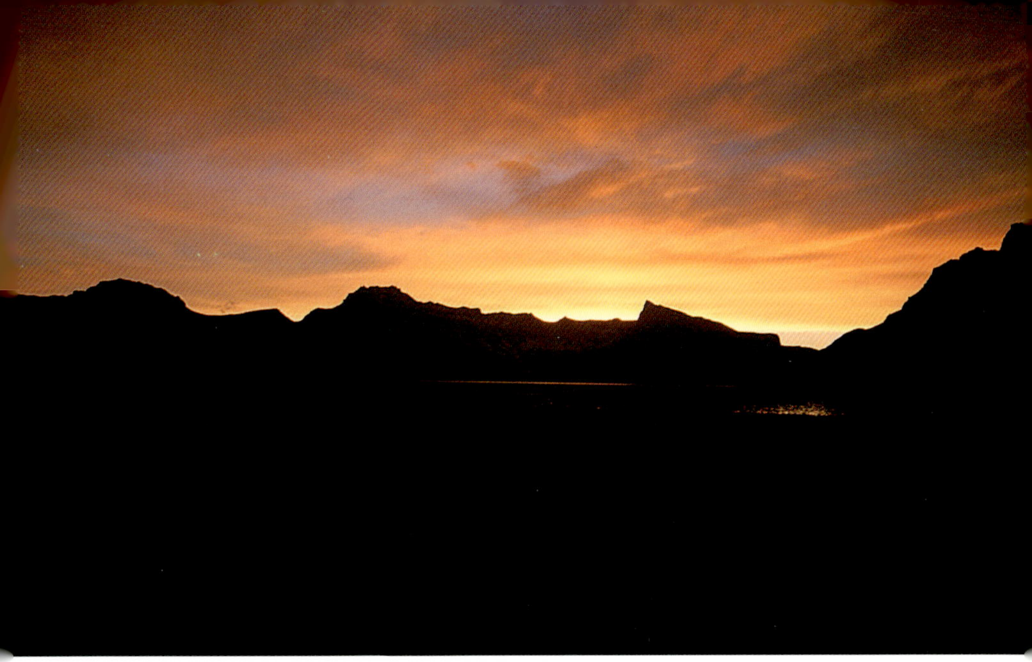

천지에서 바라본 일몰 일년에 몇 번밖에 볼 수 없다는 천지의 저녁 노을을 카메라에 담았다.

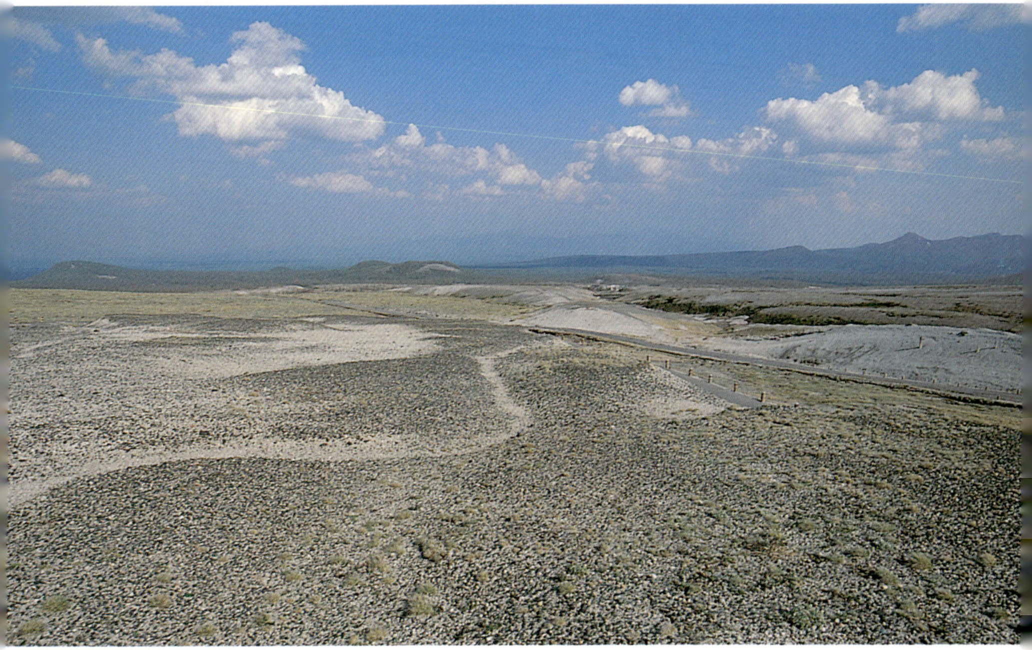

해발 2,600미터의 백두고원 중국 쪽에서 불어오는 바람으로 파도형 지형이 만들어져 있다.

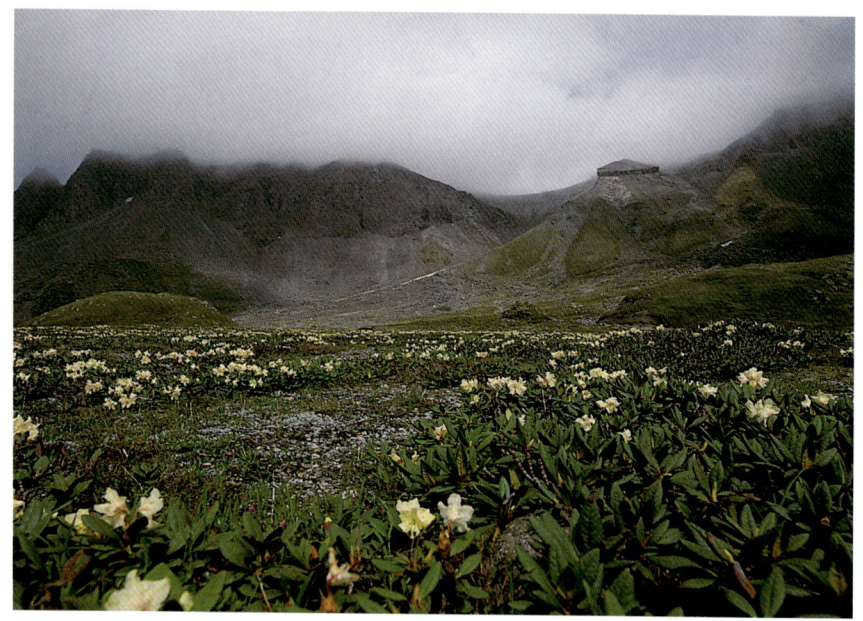

천지의 노랑만병초 군락 천지의 동쪽을 장식하고 있는 이 봉우리는 일명 유두봉이라 한다.

　이처럼 백두고원 취재팀은 최초로 이루어지는 본격적인 북한의 자연 다큐멘터리 제작을 위해 사소한 것까지 치밀하게 준비하였다.

　그러나 정작 가장 중요한 정보인 북한의 자연에 대한 구체적인 자료가 부족했다. 백방으로 수소문한 끝에 북한에서 발행된 지도집과 자료집을 구할 수 있었다. 또 백두고원에서는 운송 수단으로 말(馬)을 이용할 수도 있다는 정보를 접하고 합숙 승마 훈련을 받는 등, 취재 준비와 정보 수집에 다시 한 달을 할애했다.

　5톤 트럭에 가득 실린 취재 장비와 식량을 북한에 먼저 보내기 위한 작업도 쉬운 일은 아니었다. 취재에 필요한 물품을 모두 마련하자 이번에는 반출·반입 허가 절차가 기다리고 있었다. 먼저 통일부의 허가를 받아야 했다. 이 작업은 백두고원 취재를 성사시킨 남북교류협력기획단에서 전적으로 도맡았다.

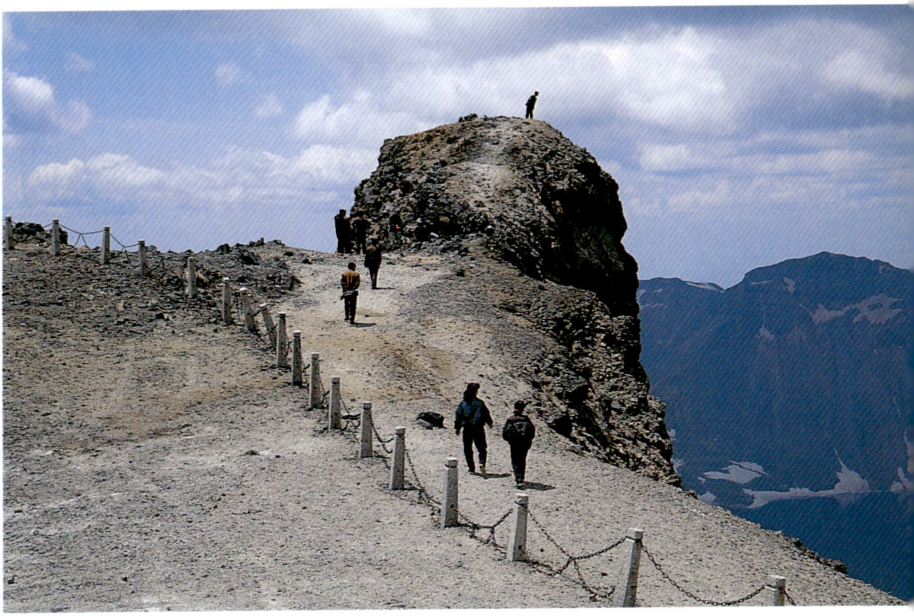

장군봉 백두고원의 최정상인 해발 2,750미터에 있다.

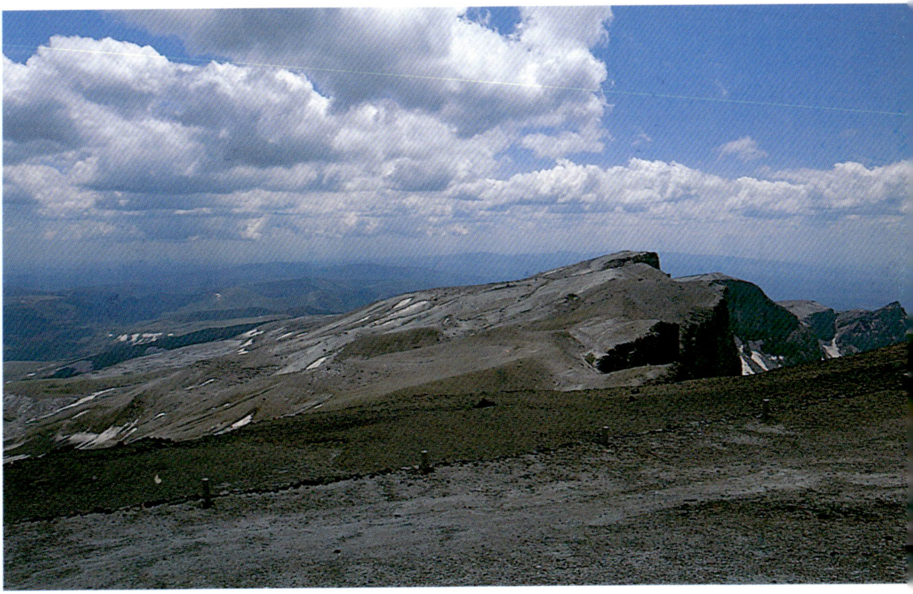

해발봉과 단결봉 장군봉을 뒤로하고 바라본 풍경으로 눈앞이 국경지대이다.

그리고 2001년 5월 18일. 취재 장비로 채워진 컨테이너와 2대의 지프는 인천항과 남포항을 정기 운항하는 국양해운 소속 레이디-스타호에 실려 먼저 북한으로 향했다.

현장 취재와 촬영

백두고원 일대는 우리 민족에게 중요한 의미가 있는 지역일 뿐 아니라 아직까지 본격적으로 공개되지 않았던 장소이다. 백두대간을 다룬 다큐멘터리를 수차례 제작하면서도 가장 핵심적인 백두산 일대를 생략할 수밖에 없었던 그간의 사정을 고려하면, 제작진에게는 백두고원 취재가 더욱 매력적일 수밖에 없었다. 더욱이 야생화가 가장 화려하게 피어나는 6월에 백두산을 취재한 팀은 세계 방송사상 KBS가 최초였을 것이다.

백두고원 취재팀은 크게 동물 추적팀과 기본 식생 촬영팀으로 나누고, 취재 동선도 동쪽 루트와 서쪽 루트로 나누었다.

동쪽 루트는 두만강 지역의 대홍단에서 삼지연, 하늘 아래 첫 동네인 신무성 지구, 무두봉을 거쳐 천지에 이르는 지역이고, 서쪽 루트는 보천 지구에서 청봉 지구, 소백산, 간백산을 거쳐 압록강 상류를 따라 수목한계선과 천지에 이르는 지역을 맡았다.

김태정 박사와 이영준 박사는 이은수 프로듀서와 기본 식생 촬영팀을 구성하여 각각 식물과 지질을 취재했다. 북한의 백두산 산림관리연구소 소장인 유형상 선생(67)이 현장 전문가로 함께 참여했다.

한상훈 박사는 설상환 프로듀서와 동물 추적팀을 구성해 곰이나 호랑이, 말사슴 등 거대 포유류를 포착하기 위한 잠복 취재에 나섰다. 이렇게 2주일간 취재한 뒤 동물 추적팀이 기본 식생 촬영팀과 합류해, 다시 지역별로 장소를 바꾸어 촬영에 나서는 등, 백두고원 취재는 처음부터 끝까지 2개의 팀으로 나누어 이루어졌다.

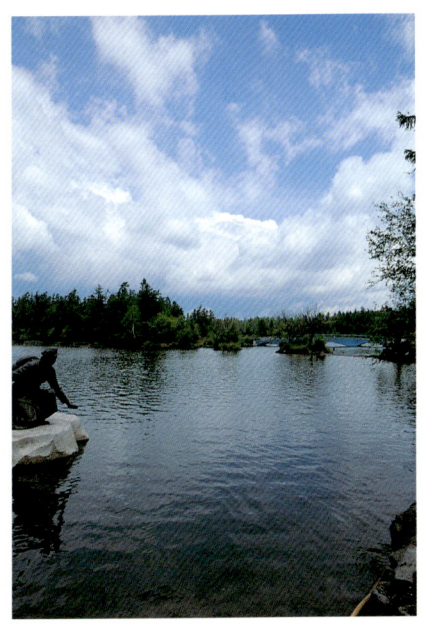

삼지연 백두산 화산 폭발시 형성된 호수인 삼지연은 무산(茂山) 전투의 경유지로서 북한의 성역(聖域)에 속한다. (위)
두만강 중상류 사행천(蛇行川)인 두만강을 따라 펼쳐진 산림. 강 너머가 중국이다. (아래)

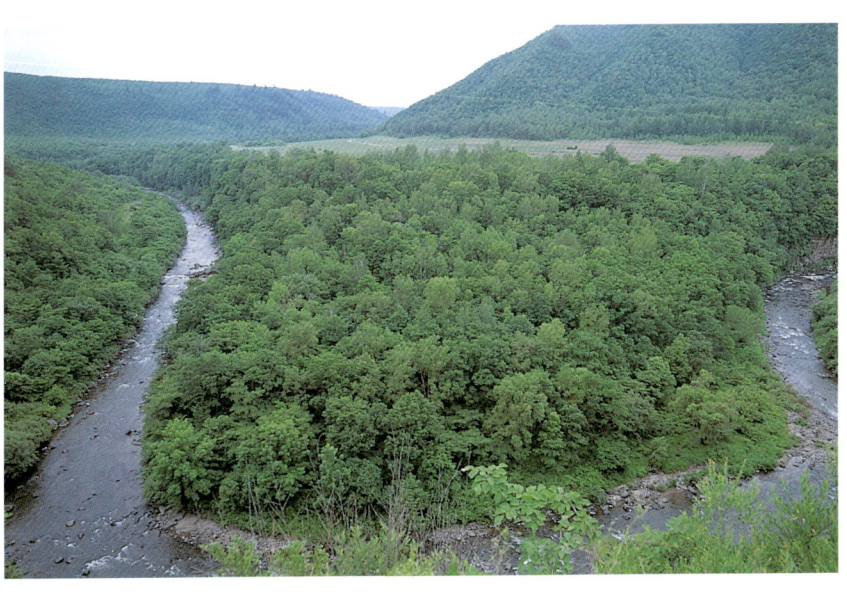

굳이 팀을 나눈 이유는 두 팀간의 경쟁심을 유발하는 동시에, 북한 안내원들과의 유기적 관계를 통해 촬영 대상을 넓히는 부수적인 효과까지 거두기 위해서였다.

　한 달 남짓한 취재 기간 동안 가장 괴로웠던 것은 밀림에서 야영을 할 때 몰려드는 모기떼였다. 두꺼운 점퍼도 거뜬히 뚫어 대는 모기떼를 막기 위해 매일같이 잎갈나무로 모깃불을 놓아야 했는데, 그 매캐한 연기는 모기만큼이나 참기 힘들었다. 더욱이 잎갈나무 잎에는 송진 성분이 많아 불을 지피면 송진이 튀어 올라 옷이나 텐트를 태워 먹기 일쑤였다.

　열악한 취재 환경에도 불구하고 백두고원의 빼어난 경관은 취재진들의 넋을 빼놓기에 충분했다.

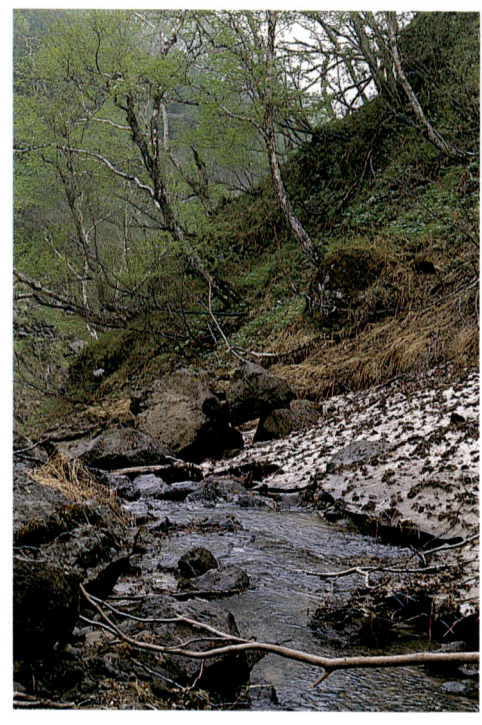

압록강 상류의 계곡 새 잎이 돋아나는 6월 초순의 날씨임에도 계곡에는 눈과 얼음이 두껍게 쌓여 있다.

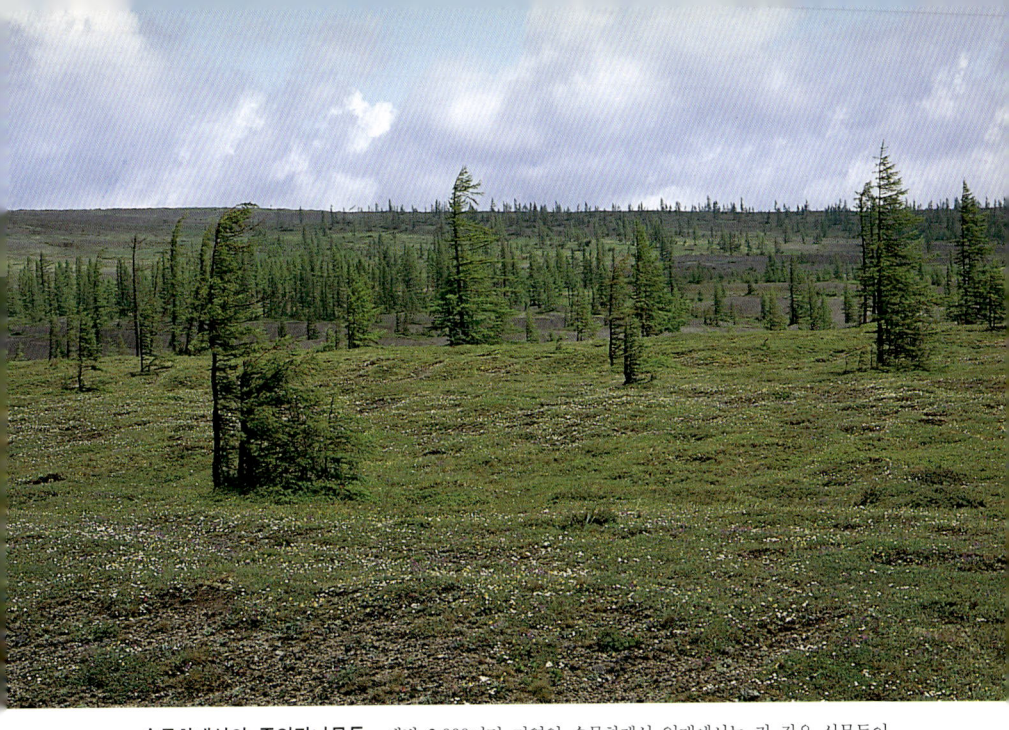

수목한계선의 좀잎갈나무들 해발 2,000미터 지역인 수목한계선 일대에서는 키 작은 식물들이 주로 자라고 관목류로는 유일하게 좀잎갈나무가 자랄 수 있다.

특히 간백산(백두산과 소백산 중간 지역)에 베이스 캠프를 치고 압록강을 오르내리며 탐사할 때 바라본 계곡의 풍경은 가히 장관이었다. 초여름으로 접어드는 6월의 날씨에도 빙하처럼 두껍게 얼어 있는 눈이 계곡을 덮고 있었던 것이다.

압록강 협곡의 바위가 깎여 나가 마치 1,000명의 군사가 도열해 있는 듯하다고 해 이름 붙여진 천군바위 역시, 형용할 수 없는 높은 기상과 아름다운 자태로 취재팀의 눈과 발을 오랫동안 묶어 놓았다.

그런데 비가 내리자 압록강 계곡을 따라 흘러내리는 강물이 온통 검은색으로 바뀌었다. 이렇게 아름답고 오염되지 않은 자연에 폐수가 웬 말인가 싶어, 취재팀은 깜짝 놀랐다.

그러나 오해는 곧 풀렸다. 비가 내리면서 곳곳에 생겨난 작은 폭포가 압록강변의 화산암을 깎아 내리고 있었던 것이다. 속이 텅 빈 푸석푸석한 화산암은 적은 비에도 씻겨 나가 그 화산재가 압록강을 검게 물들였던 것이다. 천군바위의 키가 100미터 이상 자라게 된 이유 역시, 오랜 세월 비와 바람에 의해 아래쪽이 계속 깎여 나갔기 때문이다.

백두고원 취재의 성과와 한계

백두고원 취재를 통해 우리는 몇 가지 의미 있는 성과를 거둘 수 있었다.

동물 추적팀은 백두산 천지에서 우는토끼의 실체를 생생하게 촬영했으며, 우는토끼들이 천지뿐 아니라 해발 2,000미터의 수목한계선 일대에도 많이 서식하고 있음을 밝혀 냈다. 소백산 일대에서는 최초로 긴꼬리올빼미의 생태를 카메라에 담는 데 성공했다.

하지만 위장 천막을 치고 밤을 지새며 닭고기와 염소, 버터 바른 감자 등을 미끼로 거대 포유류를 유인해 보았지만, 꿈에 그리던 조선호랑이와 불곰의 동태를 촬영하지는 못했다.

더욱이 관모봉—백암—백두산으로 이어지는 백두대간의 본원을 다 들여다볼 수 없었다는 것 또한 큰 아쉬움으로 남는다.

그렇지만 이번 백두고원의 기본 식생 취재에서는 학술적으로 커다란 성과를 거두었다. 미기록종인 2종의 식물을 찾아냈으며 그동안 기록은 있으나 실체를 확인할 수 없었던 국경바람꽃을 비롯해 5종의 야생화를 촬영했다.

특히 수목한계선을 배경으로 하여 3, 4일 주기로 피어나는 좀참꽃과 노랑만병초 등의 대규모 야생화 군락은 백두산만이 갖는 독특한 비경을 연출해 주었다.

더욱이 김종환 촬영감독은 13차례나 장군봉을 오르내리며 시시각각으로 변하는 천지의 웅장함과 아름다움을 미속 카메라에 담아 냈다. 이로써 백두고원 취재팀은 우리 방송사상 가장 오랫동안 천지에 머물면서 다양한 볼 거리를 건져 냈던 것이다.

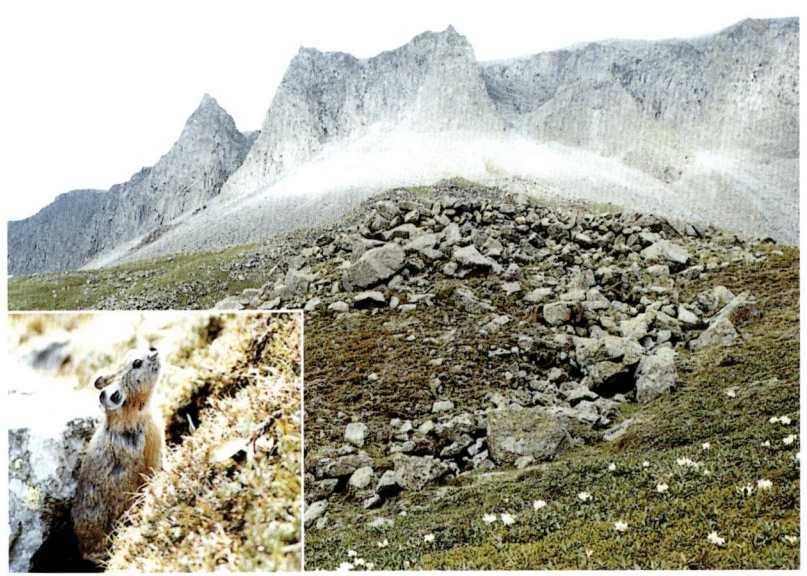

우는토끼의 서식지 빙하기의 역사적 증인이라 불리는 토끼목의 우는토끼는 백두고원에서만 서식하는 것으로 알려져 있다. 이번 취재에서 천지 주변은 물론 해발 2,000미터의 수목한계선 일대에도 서식하고 있음을 밝혀 냈다.

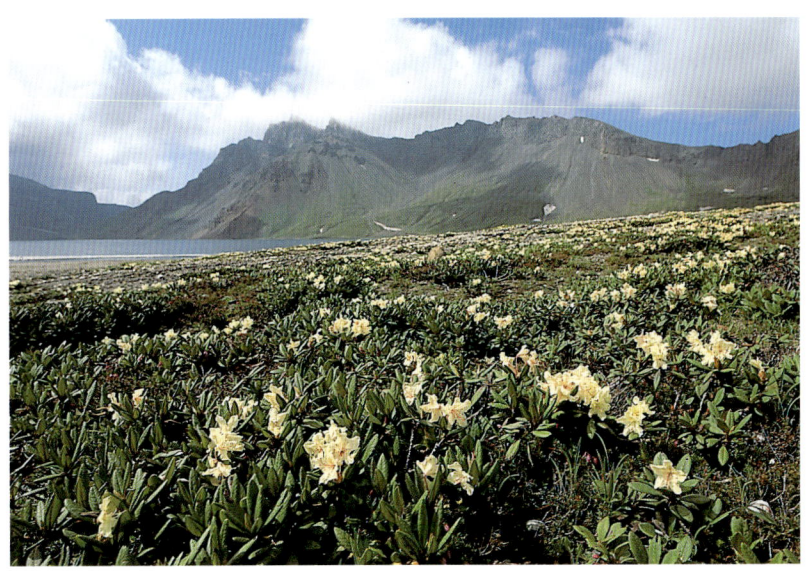

천문봉과 노랑만병초 군락 진달래과의 상록관목으로 5~7월에 꽃이 피며 백두산 고원지에서 많이 자란다.

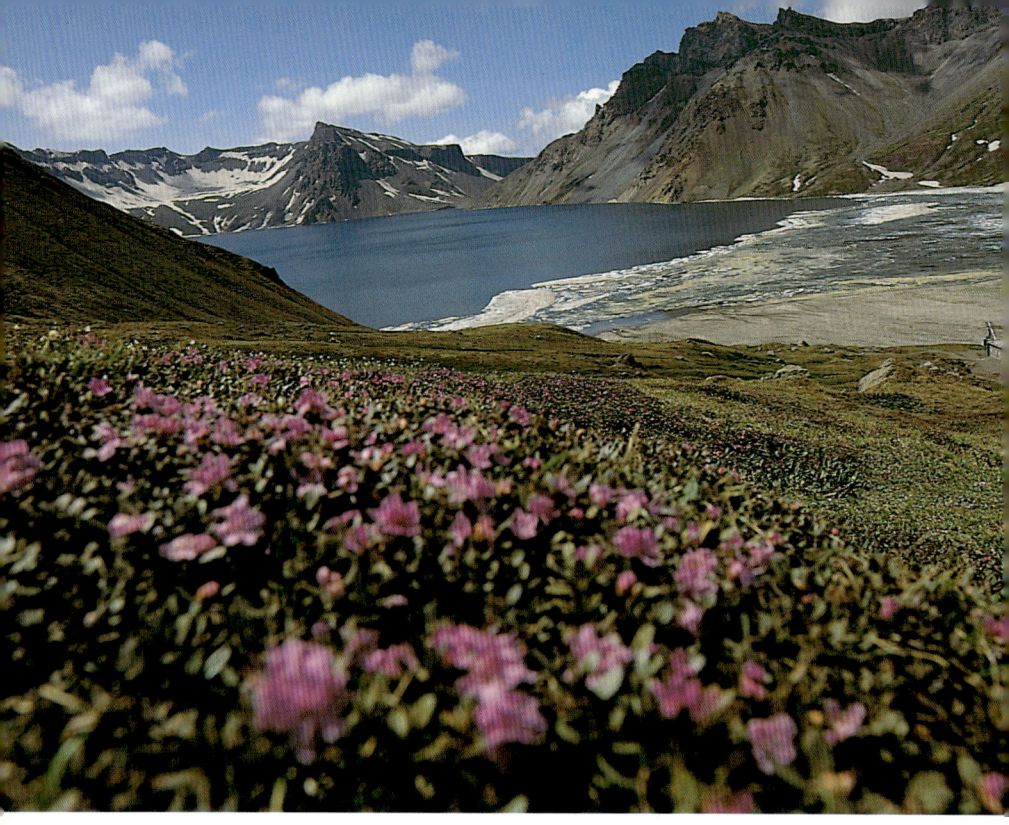

백두산 천지와 좀참꽃 군락 해발 2,000미터 이상의 고원지에서 자라는 좀참꽃이 만개해 짙푸른 천지와 조화를 이루고 있다.

2001년 6월 28일 오후 3시 30분. KBS 백두고원 취재팀은 한 달여의 취재를 마무리하고 삼지연공항에서 평양행 특별기에 몸을 실었다. 뿌듯함과 아쉬움이 교차하는 가운데, 이번 취재가 개마고원의 취재로까지 이어지는 계기가 될 수 있기를, 나아가 남·북한 화해, 협력의 밑거름이 될 수 있기를 기대하는 마음이 간절했다.

KBS 취재팀

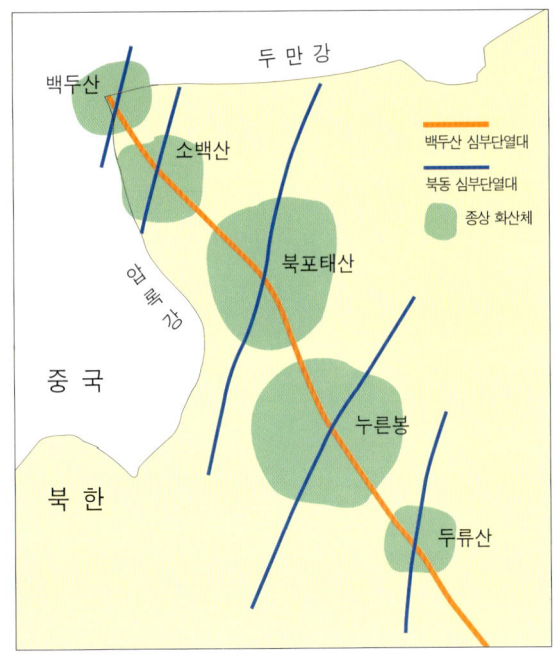

백두고원의 단열대 백두산 심부단열대와 북동 심부단열대가 교차하는 지점마다 화산체가 형성된다.

두 만 강

백두산

소백산

북포태산

누른봉

두류산

압록강

중 국

북 한

백두산 심부단열대
북동 심부단열대
종상 화산체

부의 봉우리들을 형성하였다.

백두산에서의 폭발성 화산 분출

현재 백두산을 중심으로 반경 약 40킬로미터에 이르는 거의 모든 지역은 거대한 화산 폭발에 의한 부석(pumice)으로 덮여 있다. 부석은 다량의 물과 가스를 포함한 용암이 폭발과 함께 공중에서 굳어 형성된 것으로, 비중이 물보다 낮아서 물 위에 뜬다. 백두산 근처에서 발견되는 부석층의 두께는 20미터에 이르며, 멀리 떨어진 삼지연 부근에서도 1미터 이상의 두께를 보여 주고 있다. 다량의 폭발성 용암 분출이 있은 후, 백두산의 윗부분이 원형으로 수백 미터 함몰되어 천지가 형성되었다.

그 이후에도 백두산에서는 간헐적으로 화산이 분출되었다. 조선 중기

(1700년경)에도 큰 화산 분화가 있었다는 기록이 남아 있으며, 근세에 이르러서는 1903년에 일어난 소규모의 화산 분화에 대한 기록이 있다.

백두산 심부단열대와 화산 분출

현재까지 알려진 여러 가지 지질학적 증거들에 의하면, 상부백악기에서 제3기초에 해당하는 기간에 한반도 주변에는 서로 잡아당기는 인장력이 우세하게 작용하여, 일본 열도가 대륙으로부터 떨어져 나가기 시작한 것으로 해석되고 있다. 이때의 인장력에 의하여 한반도의 동부에는 북동 방향의 인장단열들이 발생하였으며, 벌어진 틈은 지하 수십 킬로미터에 이르러 맨틀까지 도달하는 심부단열대를 형성하였다.

이러한 심부단열들의 틈을 따라 지하로부터 상승한 마그마에 의한 화성 활동이 활발하였으며, 또한 열곡 내에는 두꺼운 퇴적물이 쌓이기 시작하였다. 북한의 길주−명천 지구대가 그 대표적인 예에 속한다. 이때 이 방향에 사교(斜交)하는 북북서 방향의 인장단열들도 함께 형성되기 시작하였는데, 대표적인 예가 백두산 심부단열대이다.

제3기 중기 이후에는 계속적인 인장력으로 인하여 동해가 본격적으로 열리기 시작하였다. 또 북북서 방향의 백두산 심부단열대를 따라 맨틀로부터 다량의 현무암질 용암이 분출되어 현재의 용암대지의 기반을 형성하게 된다.

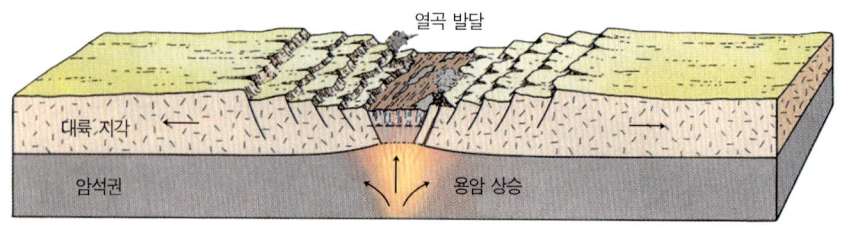

열곡의 발달과 용암 분출 인장력에 의하여 열곡이 벌어지고, 그 틈들을 따라 용암이 상승하여 분출하였다. **The Earth**(Tarbuck and Lutgens, 1993.)의 그림을 인용하였다.

백두대간의 시작을 알리는 일련의 산봉우리들은 백두산을 필두로 소백산, 북포태산, 누른봉과 같은 해발 2,000미터 이상의 화산체로 구성된 백두산맥을 형성하며, 두류산에 이르러 남서 방향의 부전령산맥으로 이어지고 있다. 화산체들은 백두산 심부단열대와 북동 방향의 심부단열들의 교차점에 위치해 있는데, 제4기 동안 이 교차점에서는 상대적으로 점성이 강한 중·산성 용암이 분출하여, 용암대지 위에 경사가 심한 종상 화산체를 형성하였다.

백색 부석

약 1,000년 전 백두산은 마지막으로 거대한 화산 폭발을 일으켜 엄청난 양의 백색 부석을 분출하였다. 백색 부석은 물과 휘발성 가스를 다량 함유한 산성 용암이 폭발적으로 터지면서 공중에서 식어 형성된 것이다. 이때 물과 가스가 있던 자리에 많은 구멍이 생겨나 매우 가벼운 성질을 갖게 되었다. 실제 부석의 비중은 물보다 가벼워서 물에 뜰 뿐 아니라, 손으로 긁어도 쉽게 긁힐 만큼 약하다.

백두산 남쪽의 대연지봉, 소연지봉, 무두봉 같은 기생 화산들은 화산의 형태를 만든 현무암이나 조면암을 기반으로 하고 있으나, 그 위는 수 미터에서 20미터에 이르는 두꺼운 백색 부석으로 덮여 있다. 그런데 부석층 아래 약 3, 40센티미터 지점부터는 영구 동결층이 존재하는 점이 특이하다. 기온이 영상 20도 이상 올라가는 6월 말의 따뜻한 날씨에도 부석층을 파 보면, 그 아래에서 맑은 수정 같은 얼음을 찾아볼 수 있다. 이는 속이 빈 부석들이 열 전달을 차단하기 때문에 생기는 현상이다. 현지 안내인의 설명에 따르면, 실제 북한에서는 이러한 부석을 단열재로 이용하고 있다고 한다.

백색 부석층 내에서는 또 다른 형태의 화산 분출물이 발견되는데, 그 가운데 하나가 화산탄이다. 화산탄은 주로 염기성 용암이 공중에서 굳거나 땅에 떨어져 납작해진 모양을 갖는데, 백색 부석처럼 구멍이 많은 구조이나

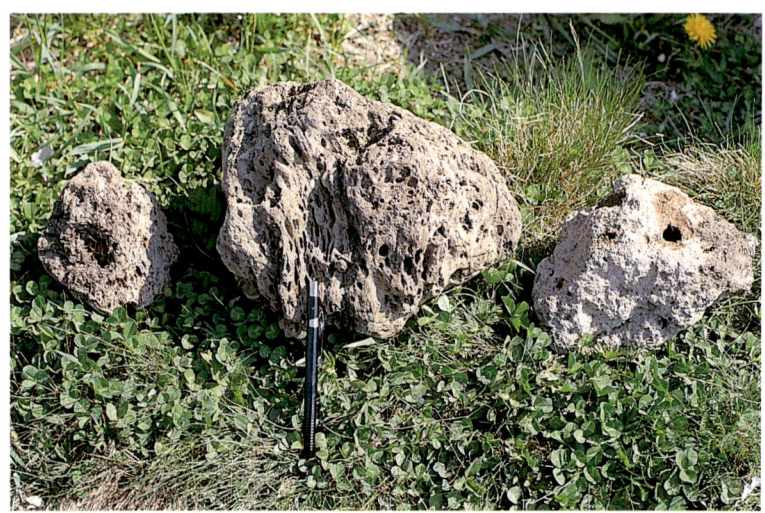

백색 부석 물과 가스를 다량 포함한 산성 용암이 폭발과 함께 공중에서 굳어 형성된 것으로, 비중이 물보다 낮아서 물에 뜨는 것이 특징이다. 약 1,000년 전에 형성된 것으로 추정된다.

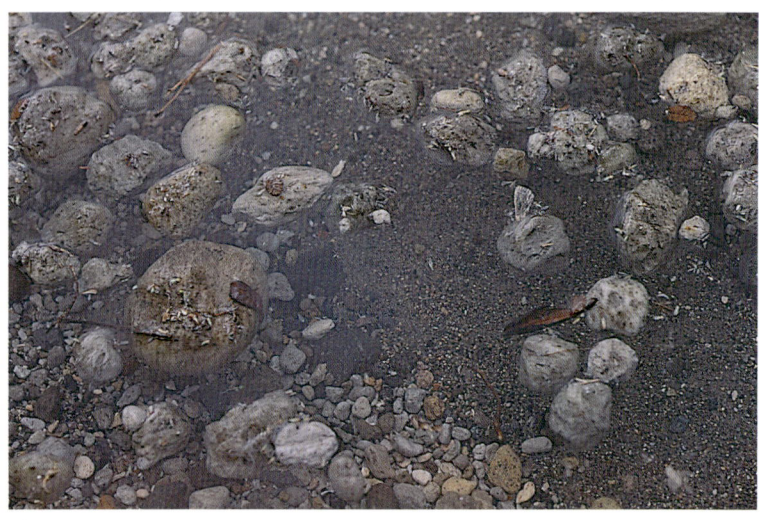

천지 호반을 떠다니는 백색 부석 무수한 구멍을 갖고 있는 백색 부석은 물 위에 뜰 정도로 가볍고, 손으로 긁어도 긁힐 만큼 약하다.

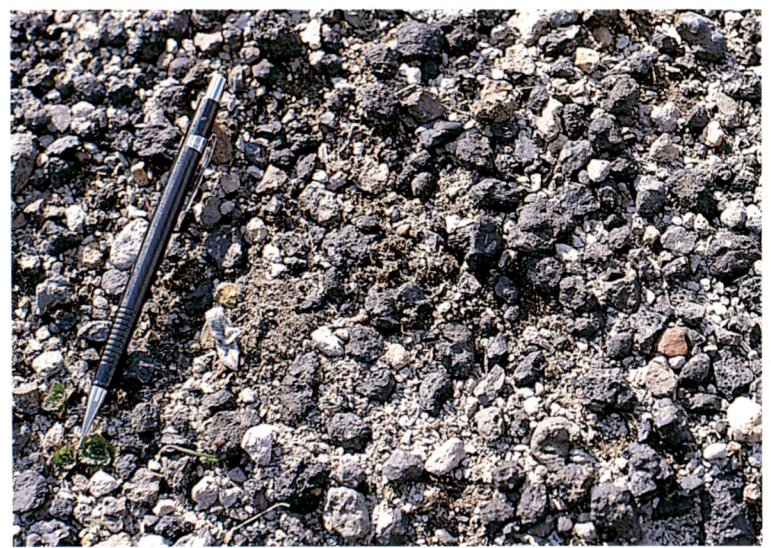

화산탄 현무암질 용암이 폭발 분출하여 공중에서, 또는 땅에 떨어진 후 굳어서 형성된 것이다. 기공은 가스와 물이 있었던 흔적이다. 백두다리 부근의 부석층 내에서 발견되었다.

색은 검다. 이러한 화산탄은 제주도에서도 쉽게 볼 수 있다. 백색 부석층 내에서 발견되는 검은색 화산탄은, 백색 부석이 분출되던 시기에 성분이 다른 용암들도 여러 번에 걸쳐 분출되었음을 알려 주는 증거라고 할 수 있다. 백색의 부석층 안에 검은색 화산탄이 점점이 박혀 있는 모습은 백두산 주변에서 아주 쉽게 관찰할 수 있다.

부석층은 백두산 천지로부터 반경 약 40킬로미터까지 분포해 있는데, 천지에서 멀어질수록 부석층의 두께는 점점 얇아진다. 분포 형태는 백두산 서쪽보다는 동쪽으로 더 멀리 퍼진, 타원체 형태를 나타낸다.

최근 학자들의 연구 보고에 따르면, 백색 부석과 함께 분출한 화산재는 편서풍을 타고 멀리 일본 본토의 북부 지역 및 북해도까지 날아간 것으로 밝혀지고 있다. 10세기 전후의 유물을 포함하고 있는 아오모리현 내의 토양층 내에는 일본의 화산 분출물에서는 매우 보기 드문 성분을 가진 얇은 화산회층이 협재되어 있다. 이 화산회층의 근원을 추적한 결과, 화산재가 백두산에서 기원하였다는 사실이 밝혀졌으며, 그곳에서 발견되는 화산재를 '백두산–토마코마이 화산재'라고 명명하고 있다. 실제로 이 화산재는 동해의 해저 퇴적물 시료(試料)에서도 발견되었으며 백두산 쪽으로 갈수록 화산재는 두꺼워진다.

탄화목과 매몰목

백두산에서 마지막 화산 폭발이 일어났을 때 엄청난 양의 부석이 분출되어 당시 백두산 일대에 분포해 있던 산림은 거의 사라져 버렸다. 그래서 현재는 그 당시 부석에 묻혔거나(매몰목), 또는 뜨거운 부석으로 인해 타 버

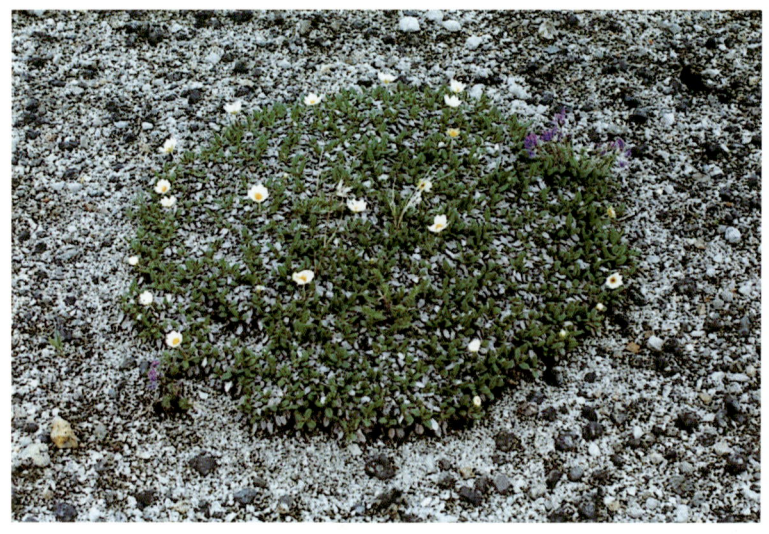

백색 부석과 화산탄 백색 부석층과 그 안에 점점이 박혀 있는 검은색 화산탄 위에서 끈질긴 생명의 뿌리를 내린 키 작은 초본류들. 백두고원의 세찬 바람과 추위를 이겨 내고 꽃을 피우는 야생화 군락은 이곳에서 흔히 볼 수 있는 풍경이다.

린 숯(탄화목)의 형태만이 발견될 뿐이다. 무두봉에서 백두산까지 가는 길 곳곳에서 발견할 수 있는 매몰목은 두꺼운 부석층 위로 앙상한 몸체를 드러내고 있다. 이 부근의 부석층 두께는 5미터가 넘으므로 현재 보이는 부분은 나무의 중간이나 윗부분에 해당한다. 매몰목은 주로 잎갈나무인데 나이테로 짐작컨대 50년 이상 된 것들이 대부분이다.

현재 수목한계선 위쪽에서 발견되는 매몰목의 분포로 볼 때, 화산 폭발 당시의 수목한계선은 훨씬 높은 고도에 위치하였음을 짐작할 수 있다. 매몰목의 일부분은 뜨거운 부석 등으로 인해 윗부분이 까맣게 타 버린 모습이다. 이러한 매몰목의 모습은 약 1,000년 전의 화산 폭발 이후 멈춰 버린 시간의 기록을 그대로 간직하고 있다.

백두산 남쪽의 또 다른 거대한 화산 칼데라(caldera)의 일부인 소백산 부근에서는 완전히 숯으로 변해 버린 탄화목이 발견되었는데, 2차적으로 운반된 부석 퇴적층 안에 협재되어 있었다. 직경 약 15센티미터인 이 탄화목은 완벽한 형태의 나이테를 갖추고 있었다. 이 매몰목 및 탄화목의 시료를 서

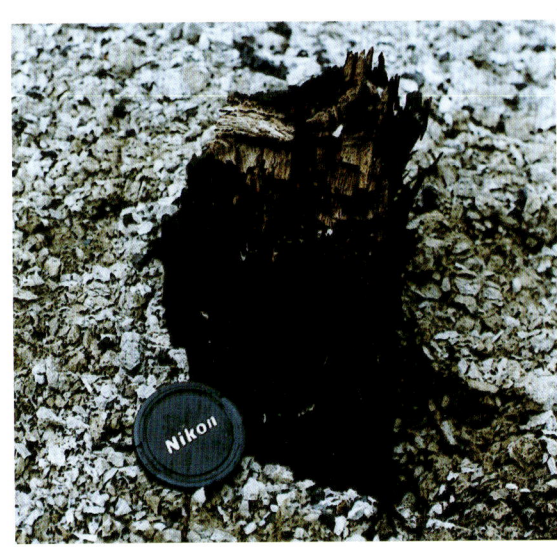

매몰 탄화목 간백산 밀영 입구의 부석층에서 발견되는 매몰목. 윗부분은 열에 의해 부분적으로 탄화되어 있다.

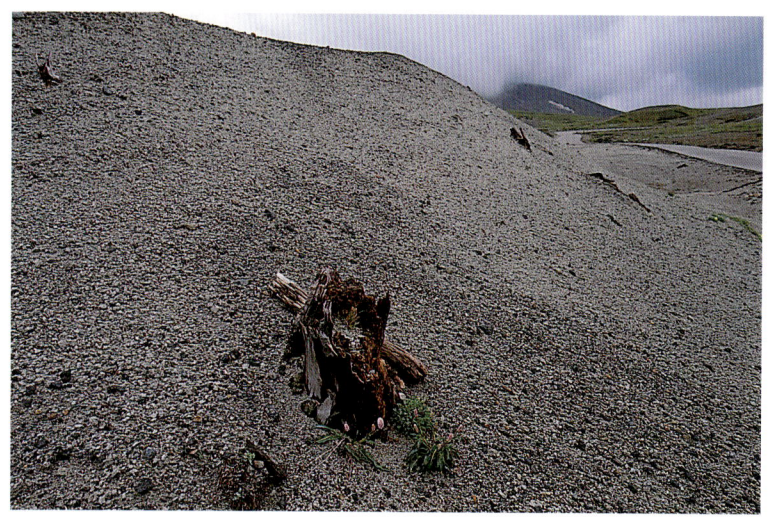

해발 2,300미터 부근의 매몰목

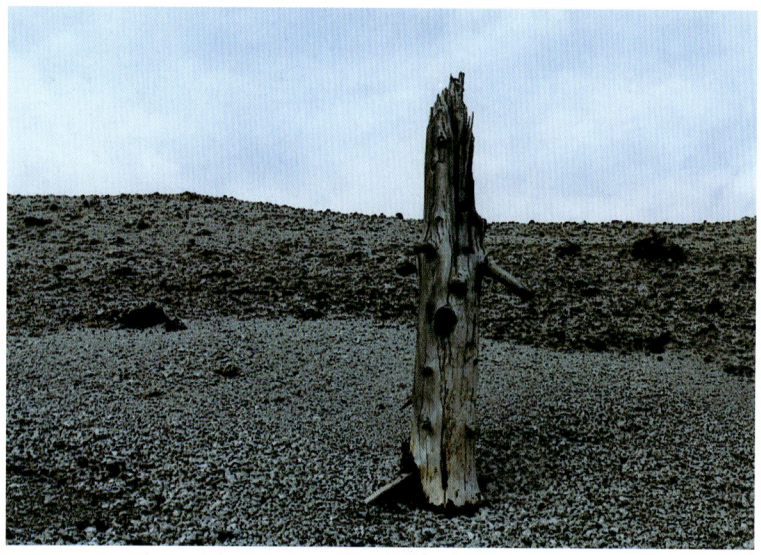

매몰목 수목한계선 위에서 발견되는 매몰목으로, 화산 폭발에 수반된 두꺼운 부석층에 의하여 나무의 3분의 1 이상이 덮여 있다. 대연지봉 동쪽에서 촬영하였다.

울대학교 공동 기기원 질량 분석 가속기 연구실에 보내, 탄소 동위 원소(^{14}C)를 이용한 연대 측정을 의뢰하였다. 그 결과 매몰목과 탄화목 각각 현재로부터 1030(±40)년 전과 1050(±40)년 전에 탄화되었다는 분석이 나왔다. 이는 북한 및 중국의 기존 분석 결과와도 거의 정확하게 일치하는 것이며, 앞에서 언급한 일본에서 발견되는 백두산 화산재의 나이와도 같은 시기임을 알 수 있다.

이와 같은 결과를 종합하여 볼 때, 약 1,000년 전에 백두산에서 일어난 화산 폭발은 막대한 양의 부석을 분출하여 백두산 주변의 산림을 덮었고, 화산재는 멀리 일본까지 날아갈 정도로 그 규모가 엄청났다는 사실을 알 수 있다. 일부 학자들은 이때의 화산 분출 사건을, 비슷한 시기에 이 지역에 존재하였던 발해 왕국(699~926년)의 갑작스런 멸망과 관련이 있을 것이라고 주장하고 있다.

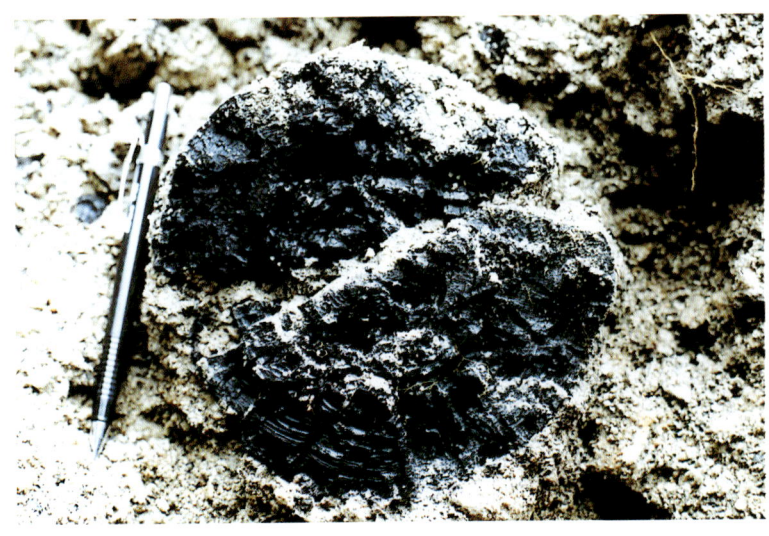

탄화목 소백산 백두밀영 안내소 뒤에서 발견한 직경 15센티미터의 탄화목이다. 부석층(하부)과 상부의 퇴적층 사이에 협재되어 있었으며 약 1,000년 전의 화산 폭발에 의하여 탄화된 것으로 추정된다.

천지

한라산의 백록담과 더불어 민족의 정기가 담겨 있는 천지는 가장 긴 직경이 4.6킬로미터, 둘레 14킬로미터, 수심 384미터에 달하는 세계에서 손꼽히는 거대한 화산 호수이다. 천지와 같은 큰 화구를 칼데라라고 하며, 이곳에 물이 차면 칼데라 호수라 부른다. 칼데라는 화구의 폭발로 인해 형성되기도 하지만, 화구 내부가 함몰되면서 생기는 경우가 많다. 천지도 백색 부석 분출 후 백두산 화구 내부에 형성된 거대한 지하 공간 때문에 상부가 함몰되어 형성되었다. 이후 오랜 기간 빗물이 고여 천지 호수가 생겨났다.

천지는 백두산 장군봉(2,750미터)보다 약 550미터 아래인 해발 2,200미터 지점에 위치해 있으며, 천지의 물은 중국 쪽의 달문을 통하여 송화강으로 흘러 나간다. 천지에는 6월에도 빙하가 떠다니며 한여름에도 물이 매우 차서 맨발로는 오래 견디지 못할 정도이다.

천지가 함몰 칼데라라는 사실은 천지 내부에 형성된 백두산 외륜부의 지형으로도 알 수 있다. 장군봉을 비롯한 향도봉, 쌍무지개봉 등의 내벽은 거의 깎아지른 절벽으로 이루어져 있으며, 이러한 절벽들은 화구 내부의 함몰에 의하여 형성된 것으로 해석된다.

장군봉에서 천지 쪽으로 약 600미터 떨어진 지점에 천지와 접해 있는 비류봉이라는 작은 봉우리는, 점성이 매우 강한 용암이 올라오면서 그대로 굳어진 뾰족한 형태를 하고 있다. 비류봉은 천지 내부가 함몰할 때 무너지지 않고 지금까지 남아 있는 화도암체이다.

화산이 분출할 때 발생하는 인장력은 천지를 중심으로 방사상으로 발달된 단층 구조를 만들어 냈다. 향도봉의 경우에는 상부의 흑요석대가 정단층에 의하여 약 100미터 이상 어긋나 있는 것을 볼 수 있다.

천지의 해발 고도가 2,200미터이므로 이곳에서부터 백두고원 최고봉인 장군봉 사이에서는 물을 발견할 수 없다. 중국과의 국경을 따라 남쪽으로 내려오면 해발 약 1,950미터 지점에 압록강 발원지인 사기문폭포가 있다.

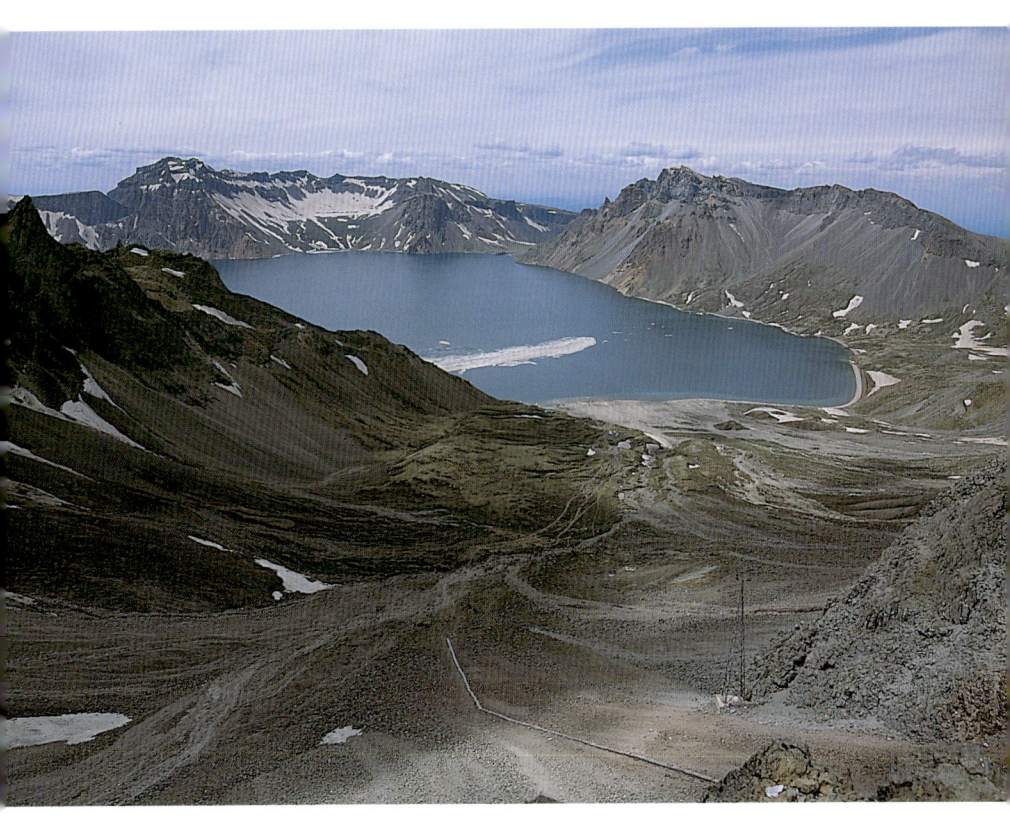

백두산 천지 화산 함몰에 의해 형성된 천지는 세계에서 손꼽히는 거대한 칼데라 호수이다. 천지의 물은 사진의 정면 가운데 보이는 달문을 통해 송화강으로 흘러간다.

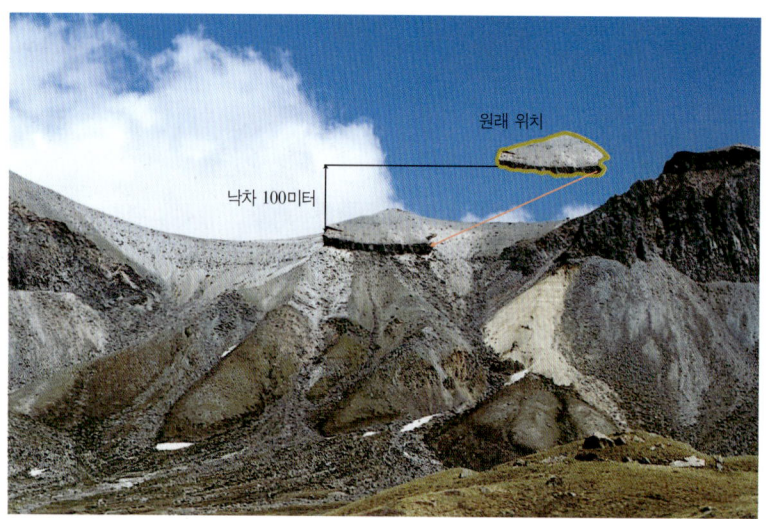

원래 위치

낙차 100미터

향도봉의 정단층 향도봉 상부의 흑요석대(사진의 가운데 검은색 층)가 단층에 의하여 밑으로 약 100미터 전위되어 있다. 제4기 동안에 만들어진 신기단층이다.

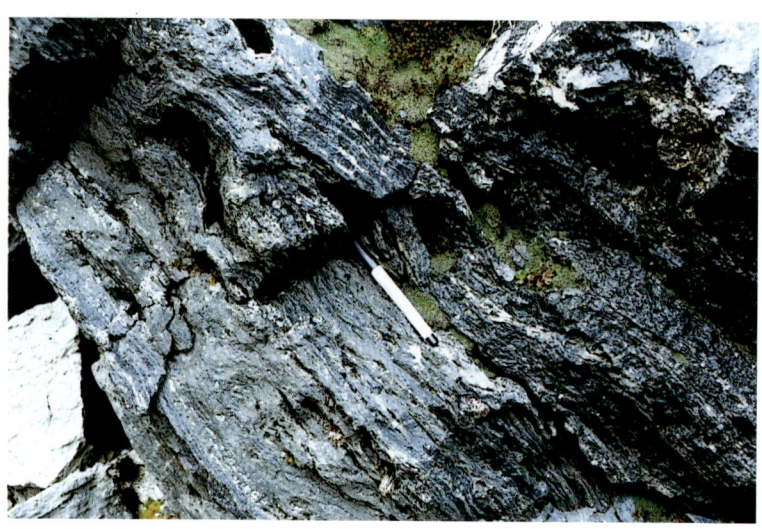

흑요석 백두산 외륜부 일대에서 발견되는 흑요석은 용암의 급냉에 의하여 형성된 흑색의 유리질 암석이다.

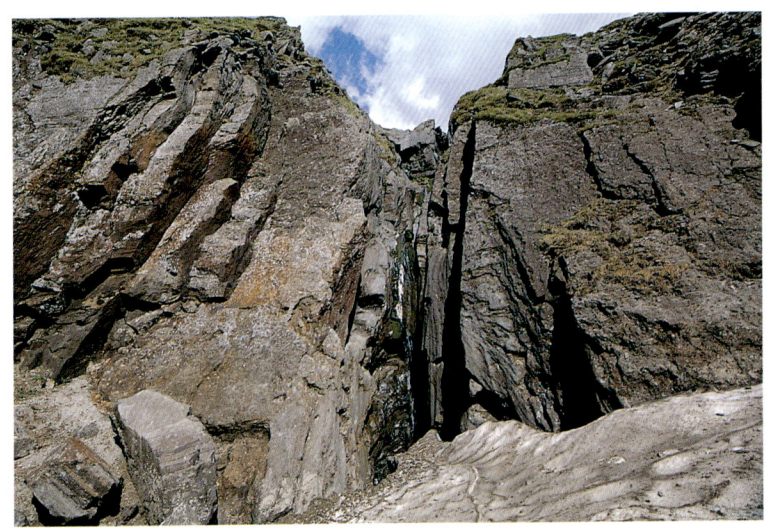

사기문폭포 압록강의 시원지로, 천지의 물이 지하를 통해서 처음으로 밖으로 나오는 지점이다.

사기문폭포 주변은 흑요암을 협재한 대상(帶狀)의 유문암으로 구성되어 있다. 이것은 장군봉을 형성시킨 동일 화산암체로서, 용암은 장군봉에서 분출하여 이곳을 지나 더 남쪽에 있는 백두폭포까지 흘러 내려갔다.

사기문폭포는 3단으로 구성되어 있으며, 제일 상부의 바위 틈새에서 물이 흘러나오고 있다. 이는 천지의 수면보다 약간 아래에 위치하므로, 여기가 천지의 물이 지하수 이동에 의하여 처음 밖으로 나오는 지점이라고 해석할 수 있다.

천군바위와 리명수폭포

사기문폭포에서 시작되는 압록강은 너비 1미터도 되지 않는 작은 실개천의 형태로 흐르다가, 백두폭포와 형제폭포를 거치면서 선오산 부근에 이르러서

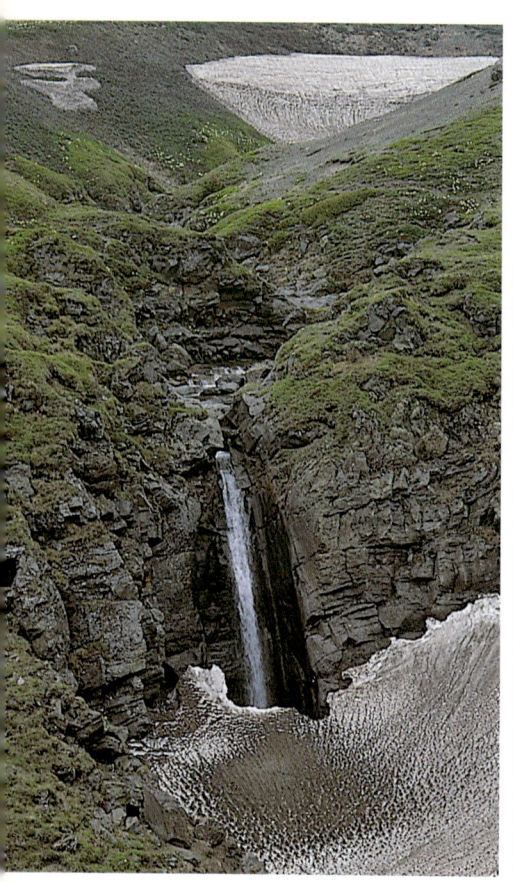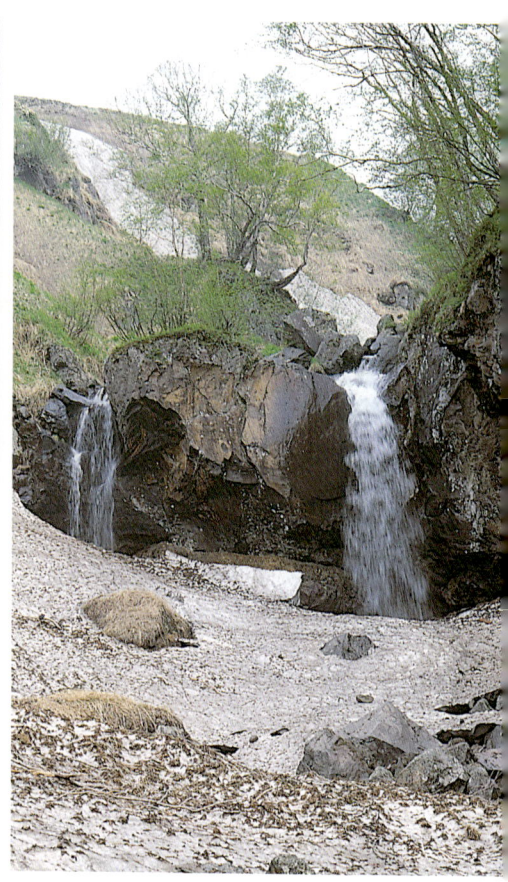

백두폭포(왼쪽)와 형제폭포(오른쪽) 사기문폭포에서 발원한 압록강은 백두폭포와 형제폭포를 거치면서 비로소 힘찬 물줄기를 이루게 된다. 백두폭포는 압록강 상류에, 형제폭포는 국경지대에 접해 있다.

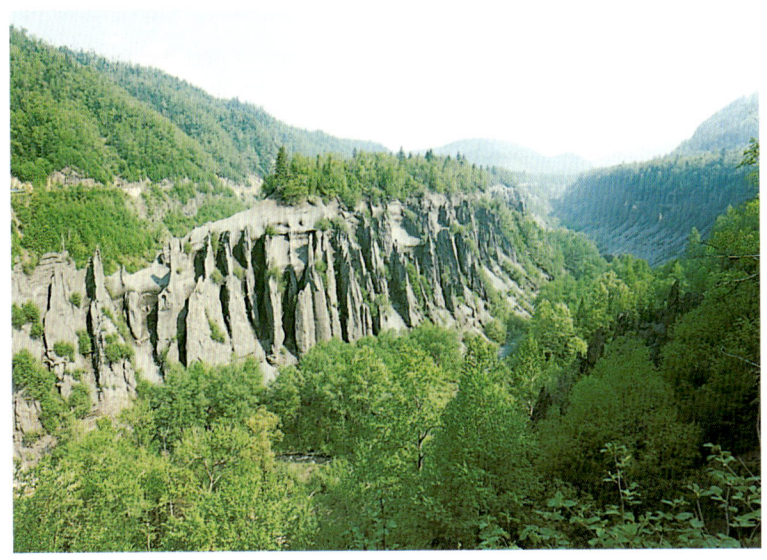

천군바위 1700년경 화산 폭발에 수반된 화산재가 압록강과 두만강의 본류 및 지류를 따라 흘러 내려와 쌓여서 형성된 것이다.

야 비로소 힘찬 물줄기를 이루게 된다. 소백산의 일부분인 곰산 부근에 이르면 압록강 계곡의 깊이는 50미터 이상으로 깊어지며, 빠른 물살에 의한 침식 작용으로 계곡의 절벽면은 웅장하고 기묘한 풍화 지형을 형성한다. 이 형상이 1,000명의 군사가 도열해 있는 것 같다 하여 천군바위라고 한다.

자료에 의하면, 천군바위를 구성하고 있는 암석은 서기 1700년경 화산 폭발 때 분출한 뜨거운 화산재가 압록강과 두만강의 곡지를 따라 흘러내려서 군은 흑색 응회암이라고 한다. 층의 두께는 5미터 내외부터, 천군바위 일대는 70미터 이상이라고 한다. 흑색 응회암 내에는 백색 부석 파편이 다량 함유되어 있으므로 백색 부석이 형성된 이후의 산물임을 알 수 있다.

흑색 응회암은 보통의 화산암과 달리 화산재의 퇴적에 의하여 형성되었으므로, 아직 고화가 덜 되어 있어 쉽게 부서진다. 지질학적으로는 매우 짧은 기간인 300년 동안 50미터 이상의 침식이 가능했던 것도, 이와 같이 고화

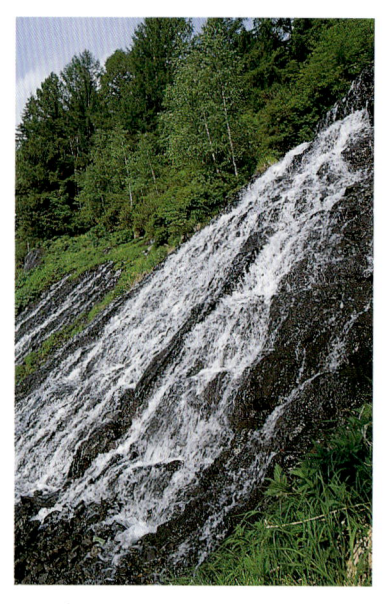

리명수폭포 지하로 흘러 들었던 지하수 등이 절리를 따라 이동하다가 노출된 사면으로 분출되는 것으로 보인다.

되지 않은 응회암의 특성 때문인 것으로 생각된다.

소백산 남쪽, 보천 가는 길 중간에는 현무암대지가 침식되어 형성된 아름다운 계곡이 있는데, 흐르는 물의 이름을 따서 리명수계곡이라 한다. 리명수계곡을 따라가면 높이 15미터, 넓이 30미터에 달하는 리명수폭포가 나온다. 이 폭포의 지형은 특이하게도 계곡과 평행한 서쪽 사면에 발달해 있는데, 폭포수가 상부의 암반 틈새에서 흘러나와 아래로 떨어지는 형태이다.

북한 안내원은 천지의 물이 지하를 통해 이곳까지 흘러온다고 설명하였다. 그러나 천지와의 거리나 지형 등을 고려할 때, 빗물이나 다른 지표수가 폭포 주변의 현무암에 발달해 있는 수평의 판상 절리들을 따라 지하 틈새로 흘러 들어가서 절리를 따라 이동하다가, 노출된 사면으로 분출된 것으로 보인다.

살아 있는 백두고원

백두산은 우리나라 모든 산줄기의 시작을 이루는 모체이다. 산경표에 의하면 '산은 물을 가르고 물은 산을 가르지 않는다'는 원리에 의해 우리나라의 산줄기를 1대간, 1정간, 13정맥으로 나누고 있다. 그 가운데 백두대간은 백두산에서 시작하여 함경남도의 부전령, 황초령 등을 지나 태백산 줄기를

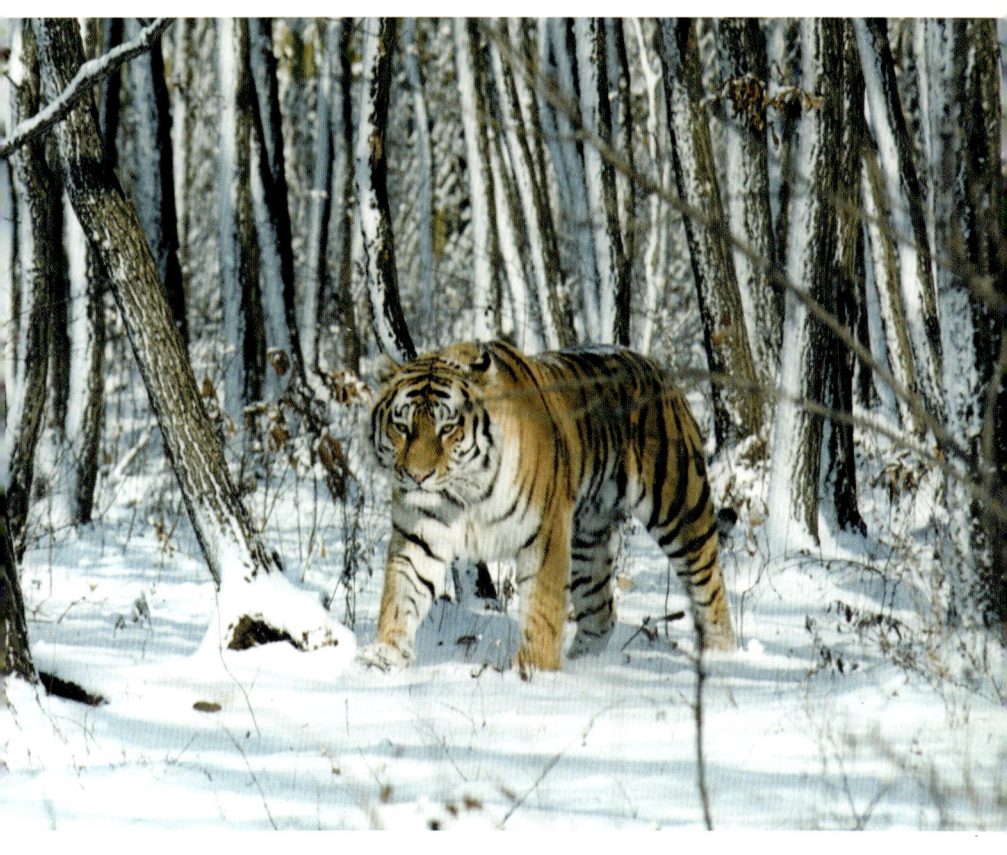

호랑이 *Panthera tigris* 남한에서는 사라진 것으로 알려져 있으나, 최근 호랑이를 보았다는 얘기가 자주 나오고 서식 흔적도 발견되고 있다. 북한의 백두고원에는 6마리의 호랑이가 살고 있다는 정보가 있으며, 2001년 KBS 백두고원 탐사팀도 발자국을 목격하였다. 러시아 연해주에서 촬영. 사진 제공: 러시아 극동생물연구소의 Dr. Yudin.

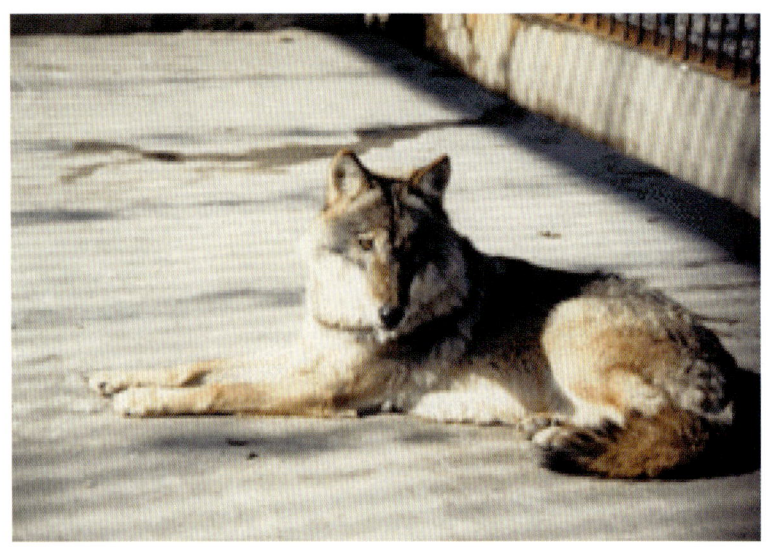

늑대 Canis lupus 식육목 개과에 속하는 늑대는 1980년대 이후 서식 정보가 두절된 대표적인 포유동물이다. 조선총독부 시절만 해도 늑대로 인한 피해가 호랑이에 비해 3, 4배 이상 높았다고 한다. 자연 환경에서도 어린 호랑이가 늑대에게 해를 당하는 등 먹이사슬에서 호랑이와 늑대는 경쟁 관계에 있는 것이다. 현재 늑대가 사라진 이유는 명확하지 않으나, 1960년대부터 전국적으로 시행된 살서제의 2차 피해로 급격히 감소하였을 것으로 추정하고 있다. 북한에서도 그 수는 감소하고 있으며, 국제적으로 보호 동물로 지정 보호하고 있다. 평양 중앙동물원에서 촬영.

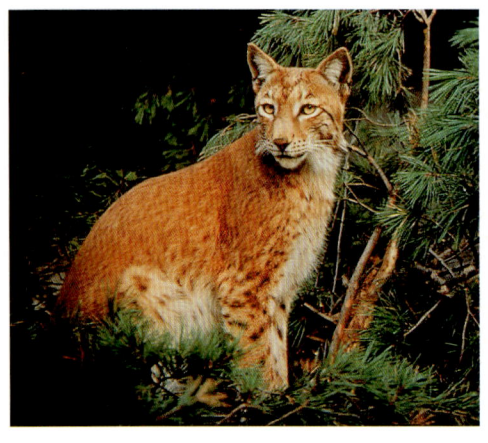

스라소니 Lynx lynx 꼬리가 뭉툭하고 크기는 고양이와 표범의 중간 크기이다. 중위대부터 툰드라지대의 침엽수림을 중심으로 유라시아대륙의 동서에 걸쳐 연속적으로 분포하며, 스페인에는 고립 분포하고 있다. 우리나라에는 함경북도와 자강도 일대의 고산지대의 산림에만 적은 수가 서식하고 있는 것으로 알려져 왔으나, 최근 백두대간을 따라 남한 일대에도 서식하고 있는 것으로 추정되고 있다. 평양 중앙동물원에서 촬영.

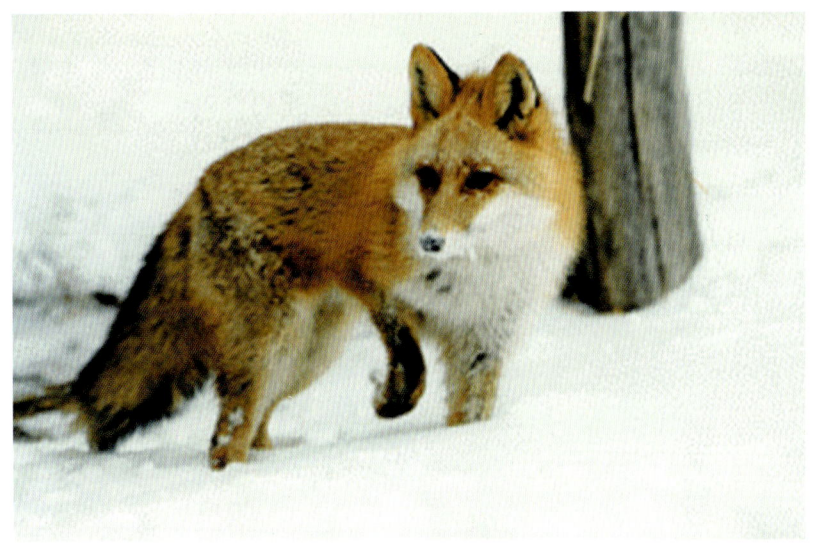

여우 *Vulpes vulpes* 늑대와 같이 개과에 속하지만, 늑대에 비해 인가 주변에 자주 출몰하던 포유동물이다. 여우는 공동묘지와 같이 야산의 노출된 환경에서 놀기를 좋아하고, 무덤 밑에 집을 만들어 새끼를 키우는 경우가 많다. 여우 또한 늑대와 같은 이유로 사라졌을 것이라 추정하고 있으나, 늑대에 비해 서식 정보는 풍부하다. 여우는 유라시아대륙 전역에 걸쳐 널리 분포하고 있으며, 그 개체 수도 많다.
현재 남한에 남아 있는 개체 수는 20여 개체 미만으로 추정된다. 북한에 남아 있는 개체 수는 정확하게 알 수 없다. 러시아 연해주에서 촬영. 사진 제공: 러시아 극동생물연구소의 Dr. Yudin.

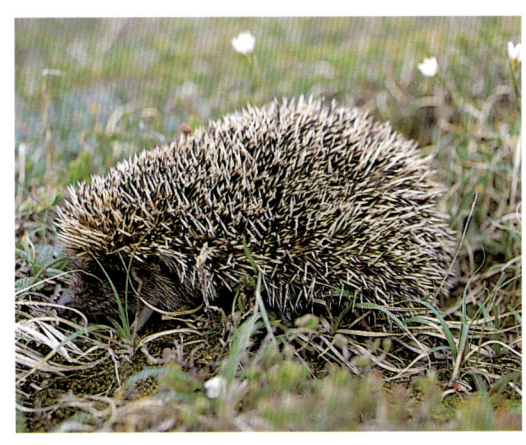

고슴도치 *Erinaceus amurensis*
식충목 고슴도치과에 속하며, 동북아시아 특산의 포유동물로 야행성이다. 지렁이와 같은 절지동물부터 새알과 작은 뱀까지 다양한 동물을 주식으로 하나 수박, 오이, 참외 등 과실도 즐겨 먹는 잡식성이다.

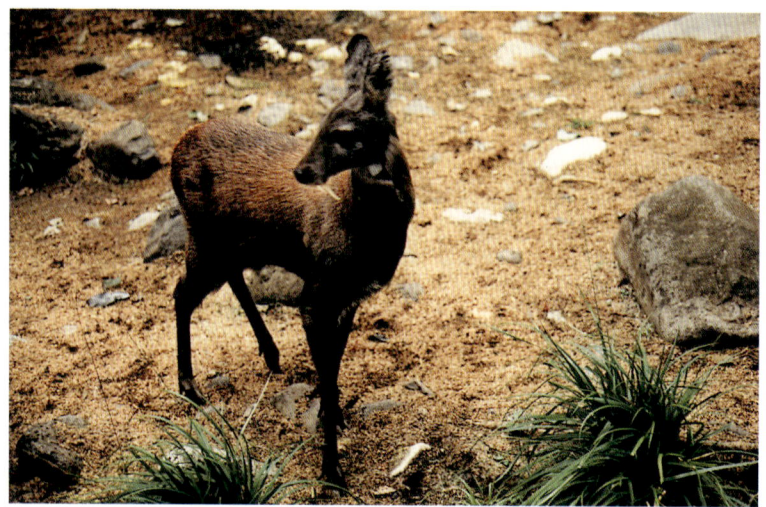

사향노루 *Mochus moschiferus* 사향노루(일명 궁노루)는 소목 사향노루과 사향노루속으로 분류되는데, 몸의 크기와 형태가 고라니와 비슷하고 원래 그 수가 대단히 적은 포유동물이다. 분포 지역은 히말라야에서 중국을 거쳐 한반도와 러시아 연해주 일대에 불연속적으로 서식하고 있다. 현재 백두대간의 깊은 산악지대를 중심으로 국지적으로 분포하고 있으며, 생존 개체 수는 수십 마리로 추정된다. 평양 중앙동물원에서 촬영.

물로는, 빙하기의 역사적 증인이라 불리는 토끼목의 우는토끼, 세계 3대 진귀 모피 동물의 하나인 식육목의 검은돈, 물 속에서 먹이를 찾아 먹고 생활하는 식충목의 갯첨서, 우리나라에서 서식하고 있는 사슴과 동물 가운데 몸집이 가장 큰 말사슴 등이 있다.

또한 남한에서는 절멸하였거나 절멸 직전에 있는 호랑이, 표범, 반달가슴곰, 이리, 늑대, 여우 등 먹이사슬의 최상위 포식자인 중·대형 식육류(육식성 포유동물)의 종 수가 북한에는 많이 남아 있다. 이는 먹이 자원이 풍요로울 뿐 아니라 백두고원의 삼림 생태계가 매우 건강하다는 증거이다.

백두고원의 포유동물상이 갖고 있는 특징은 중국 동북부 지방 및 러시아 극동 지역과 공통 종이 많다는 것이며, 계통학상 구북구(舊北區) 북부 지역 기원의 종들이 80퍼센트 이상을 차지하고 있다는 사실이다.

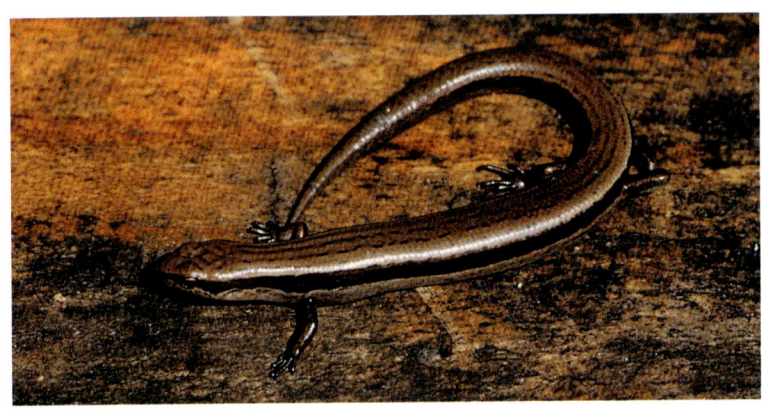

북도마뱀 *Scincella huanrenensis* 최근 남한에서 분포가 확인된 북방계 미기록 종으로 난태성의 번식 생태적 특성을 갖고 있다. 오대산 국립공원에서 촬영.

백두고원의 파충류상

분류학적 종 구성

구분	과	속	종
장지뱀아목	2	2	3
뱀아목	3	3	5
계	**5**	**5**	**8**

고도별 종 분포 현황

해발 고도(미터)	800~1000	~1300	~1600	~2000	~2750
종 수	8	4	4	2	–
퍼센트(상대 비교)	100.0	88.0	91.8	72.8	–

서식 환경별 분포 현황

서식 환경	낙엽활엽수림	혼성림	침엽수림	고산 초원지대
종 수	4	4	2	–
퍼센트(상대 비교)	100.0	100.0	100.0	–

※ 출처 : 『백두산 탐험 자료집』을 일부 수정하였다.

한다.

그리고 최근 남한 중부 산악 지역에서 분포가 확인된 북방계 미기록 종 북도마뱀 *Scincella huanrenensis*의 서식을 새로이 추가한다. 본 종은 난태성 의 번식 생태적 특성을 지닌 온대 북부 지역 특산 도마뱀으로, 중국 동북부 지역에서 한반도 중부 지역에 걸쳐 분포하고 있다.

장지뱀과에는 아무르장지뱀(긴꼬리도마뱀) *Takydromus amurensis* 1종의 서식만 기록되어 있다.

뱀아목

2001년 6월 17일, KBS 백두고원 탐사팀이 대홍단군 두만강 상류 지역에 서 목격한 뱀과의 무자치(밀뱀) *Elaphe rufodorsata* 1종을 새로 추가한다.

북한 자료에는 살모사과 2종이 기록되어 있으나, 학명에 오류가 있어 정 정하고 새로이 1종을 추가한다.

살모사의 학명 *Agkistrodon halys*를 *A. brevicaudus*로, 쇠살모사(검은살모 사)의 학명 *Agkistrodon blomhoffii*를 *A. ussuriensis*로 정정한다. 그리고 까 치살모사 *Agkistrodon saxatilus* 1종의 분포를 새로 추가한다.

북살모사과에는 북살모사 *Vipera berus* 1종의 서식이 기록되어 있다. 본 종은 우리나라에서는 백두고원 일대에만 서식하고 있는 것으로 최근 조사되 었다. 따라서 백두고원의 파충류상을 총 2아목 5과 8종으로 정정하여 기록 한다.

양서류

백두고원의 혹독한 기온 조건은 양서류가 서식하기에도 매우 열악한 환경 이다. 백두고원에서 서식하는 양서류는 구북구 북부 계통 기원 종과 광역 분포 종들로 구성되어 있으며, 『백두산총서(동물)』에 총 2목 4과 5속 6종으

백두고원의 양서류상

분류학적 종 구성

구분	과	속	종
유미목	1	2	2
무미목	3	3	6
계	4	5	8

고도별 종 분포 현황

해발 고도(미터)	800~1000	~1300	~1600	~2000	~2750
종 수	7	5	3	2	1
퍼센트(상대 비교)	100.0	71.4	42.9	28.6	14.3

서식 환경별 분포 현황

서식 환경	낙엽활엽수림	혼성림	침엽수림	고산 초원지대	수역
종 수	5	4	2	1	7
퍼센트(상대 비교)	71.4	57.1	28.6	14.3	100.0

※ 출처 : 『백두산 탐험 자료집』을 일부 수정하였다.

로 기록되어 있다.

우리나라에서 백두고원에만 서식하는 종으로는 유미목의 네발가락도룡농 *Onychodactylus fischeri* 단 1종이 있다.

2001년 KBS 백두고원 탐사팀이 무미목의 개구리 1종을 발견하였는데, 기존 자료에는 없는 미기록 종으로, 백두고원의 양서류상에 새로 추가한다. 그리고 중국측 백두산 지역에서 확인된 1종도 북한 자료에는 없는 미기록 종으로, 2종의 산개구리류를 백두고원의 양서류상에 포함한다. 따라서 백두고원의 양서류상을 총 2목 4과 5속 8종으로 정정한다.

백두고원의 양서류 상에 새로 추가되는 종은 다음과 같다.

계곡산개구리(미기록 종) *Rana huanrenensis*

중국측 백두산 지역에서 발견되었으며, 최근 남한 지역에서도 발견되고 있다.

중국산개구리(미기록 종) *Rana chensinensis*

1991년 중국측 백두산 지역에서 채집되어 미기록 아종으로 학술 발표되었다. 2001년 6월 17일과 18일에 무포 지구와 대홍단군에서 채집하였고, 최근 남한 지역에서도 발견되고 있다.

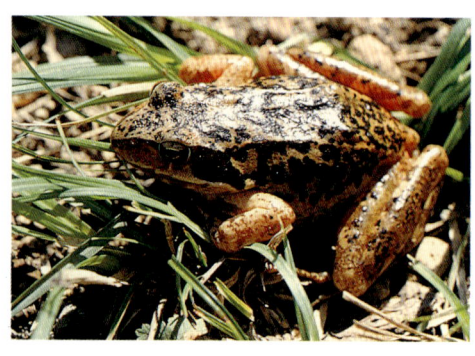

계곡산개구리
사진 제공: 석동률 동아일보 기자

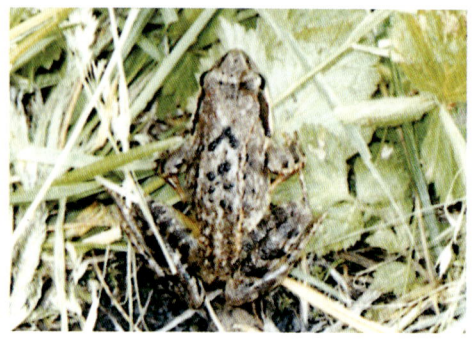

중국산개구리

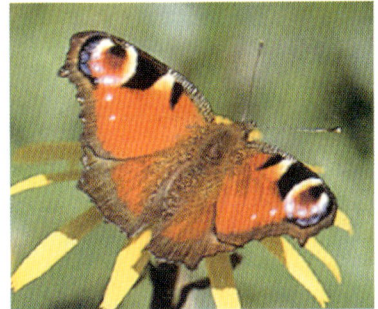

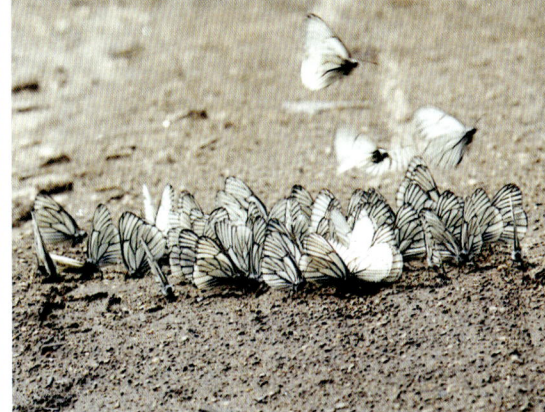

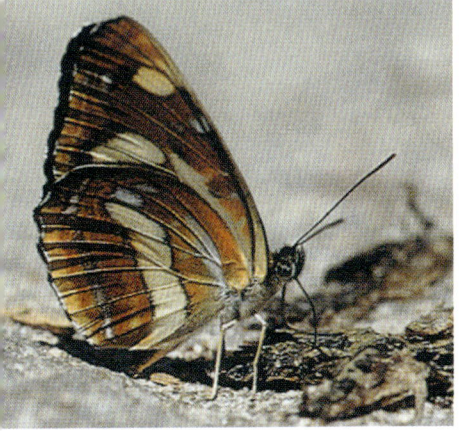

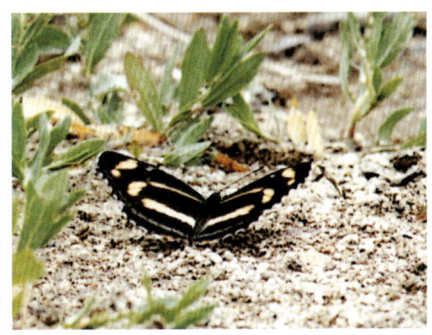

1 | 2
3 | 4

1 공작나비 *Inachis io* 공작처럼 날개에 태극 모양의 둥근 무늬를 지닌 것이 특징이다. 날개의 바탕색은 홍색이고 뒷날개 윗면에 눈알 모양의 무늬가 선명하다. 대체로 해발 1,000미터 이상의 높은 산지에 사는데 남한에서는 강원도 태백산, 비무장지대와 인접한 광덕산, 해산 등지에서 발견되나 매우 희귀하다. 보통 암수 모두 엉겅퀴, 큰까치수영 등의 꽃에서 꿀을 빨아 먹는다.

2 상제나비 *Aporia crataegi* 나비목 흰나비과에 속한다. 남한에서는 강원도 영월과 인제 지역에서 관찰되있으나 최근에는 거의 찾아보기가 어렵다. 습지에 잘 모이고 암수 모두 엉겅퀴, 조뱅이, 토끼풀 등의 꽃에서 꿀을 빨아 먹는다. 환경부에서 지정한 보호 야생동물 종이다. 백두고원 대홍단 지구에서 촬영.

3 황세줄나비 *Neptis thisbe* 한반도 내륙의 참나무 산림 지역에서 쉽게 관찰된다. 등산로나 나무 위를 재빠르게 날아다니며, 습기가 있는 그늘진 바위에 모이는 습성이 있다. 6월에서 8월에 걸쳐 나타나며, 암컷이 수컷보다 크다. 월동은 애벌레로 한다.

4 중국황세줄나비 *Neptis tshetverikovi* 황세줄나비속에서 가장 희귀한 종으로 한반도 동북부의 산악지대를 따라 중부 오대산 고지대까지 분포하고 있다. 6월 중순에서 7월에 나타나는데, 암컷은 수컷에 비해 크고 높이 날아 수컷보다 관찰하기가 어렵다. 수컷은 비 온 뒤 길가나 도로변의 물기가 있는 곳에 날아와 앉는 경우가 많다.

백두고원 무척추동물의 분류학적 종 구성

문	강	목	과	속	종
환형동물문	지렁이강	2	3	7	9
곰벌레동물문	곰벌레강	1	3	8	20
연체동물문	골뱅이강	2	4	5	5
절족동물문	갑각강	5	9	13	14
	거미강	1	12	38	82
	진드기강	2	30	57	100
	다족강	5	7	9	10
	곤충강	17	169	884	1542
계		35	245	1021	1782

※ 출처 : 『백두산 탐험 자료집』

2001년 6월 한 달간 KBS 백두고원 탐사팀이 백두고원의 무척추동물 종들을 소수 채집하였는데, 해당 분류군의 전문가에 의해 정밀 종 동정(同定: 동·식물의 분류학상의 소속을 정함)이 끝난 주요 종 및 분류군들은 다음과 같다.

딱정벌레목 반날개상과 송장벌레과

한남대학교 자연사박물관의 조영복 선생이 아래와 같이 동정하였다.

넓적송장벌레 *Silpha perforata perforata* Gebler

송장벌레과(Silphidae)에 속하며 체장은 17~23밀리미터이다.

몸은 검은색이고 약간의 광택을 띤다. 촉각은 흑색이며 말단 4마디는 팽대(膨大)하여 있다. 앞가슴등판은 중앙부가 약간 융기되어 있으며, 측면과 뒤 부위의 점각(点角)이 중앙보다 크다. 앞날개에는 날개 끝에 이르지 못하는 3개의 세로 융기선이 있으며 융기선 사이에 점각이 밀집해 있다.

뒷날개가 퇴화되어 날 수 없으며 부육질을 먹고 산다. 비교적 고지대에서 서식하는데 한반도에서는 북한 지역, 남한의 경기·강원 지역에 분포해 있고 남부 지역에서는 아직 조사된 바 없다. 그러나 제주도 한라산의 비교적 높은 지대에 서식하고 있어, 이들의 생물 지리적 분포의 특이성을 보여 주고 있다.

여러 아종(subspecies)으로 나뉘는데, 한반도에서는 본 종만이 서식하고 있다. 한국, 중국, 몽고, 러시아 등지에 분포한다.

검정수염송장벌레 *Nicrophorus vespilloides* Herbst

송장벌레과에 속하며, 체장은 10~20밀리미터이다.

몸은 검은색이고 광택을 띤다. 촉각은 검은색으로 말단 4마디는 곤봉상이다. 본 속(Genus)의 촉각 말단 3마디는 노란색으로 본 종만이 유일하게 검은색을 띤다. 앞날개에는 노란색의 띠가 위아래로 있다. 앞날개의 위쪽 측면이 검은색을 띠고 있어 다른 종들과 구별된다.

부육질을 먹고 살며, 본 속에 속하는 종들은 집짓기와 유충 양육에 있어 암수의 협동을 보여 주는 반사회성(semisocial) 행동의 특성을 지니고 있다. 구북구 지역에 넓게 분포하고 있으나 아직 남한 지역에서는 연구자에 의해 표본이 확인되지 않았다.

백두고원 지역의 거미

백두산의 거미에 대해서는 1993년 발행된 『백두산총서(동물)』에 11과 75종(미확정 종 8종 포함)으로 기록되어 있는 것이 유일한 자료이다.

그러나 KBS 백두고원 탐사팀이 2001년 6월 7일부터 24일까지 조사한 결과 아래의 목록과 같이 8과 14종이 채집되었다. 조사는 신무성, 선오산, 삼지연, 삼지연의 베개봉호텔, 무포, 천지의 6개 지역에서 이루어졌는데, 삼지연 베개봉호텔에서는 거미를 발견하지 못했다. 이번에 채집한 8과 14종의 거미 가운데 2종이 한국 미기록 종이며, 이를 포함해 모두 9종의 거미를 새로 추가하게 되었다.

한국동굴생물연구소의 남궁준, 최용근 선생이 동정하였다.

대륙유령거미 *Pholcus pilionoides* (Schrank)

유령거미과(Pholcidae)에 속한다. 2001년 6월 7일부터 9일까지 선오산 지구에서 암컷 1마리를 채집하였다.

혹등줄애접시거미 *Ummeliata eminea* (Boesenberg et Strand)

접시거미과(Linyphiidae)에 속하며 6월 16일부터 18일까지 무포 지역에서 암컷 1마리를 채집하였다. 이 개체는 새로 추가된 종이다.

백금갈거미 *Tetragnata inicola* L. Koch

갈거미과(Tetragnathidae)에 속한다. 6월 16일부터 18일까지의 무포 지역 조사에서 어린 암컷 1개체가 채집되었다.

산짜애왕거미 *Hypsosinga anguinea* (C. L. Koch)

왕거미과(Araneidae)에 속한다. 6월 16일부터 18일까지 무포 지역에서 수컷 1마리가 채집되었다. 이 종은 새로 추가된 것이다.

북왕거미 *Eriopoda achalinensis* (S. Saito)

왕거미과에 속한다. 6월 7일 신무성 지구에서 어린 수컷 1개체와 어린 암컷 2개체가 채집되었다.

채찍늑대거미 *Alorecosa irgata* (Kishida)

늑대거미과(Lycosidae)에 속하며 조사 기간 중 5마리를 채집하였다. 6월 7일 신무성 지구에서 2마리의 수컷을, 6월 7일부터 9일 사이에 선오산 지구에서 수컷 1마리를 채집하였다. 그리고 6월 16일부터 18일까지 무포 지구에서 조사한 결과 2마리의 수컷을 채집하였는데, 이 개체는 새로 추가된 것이다.

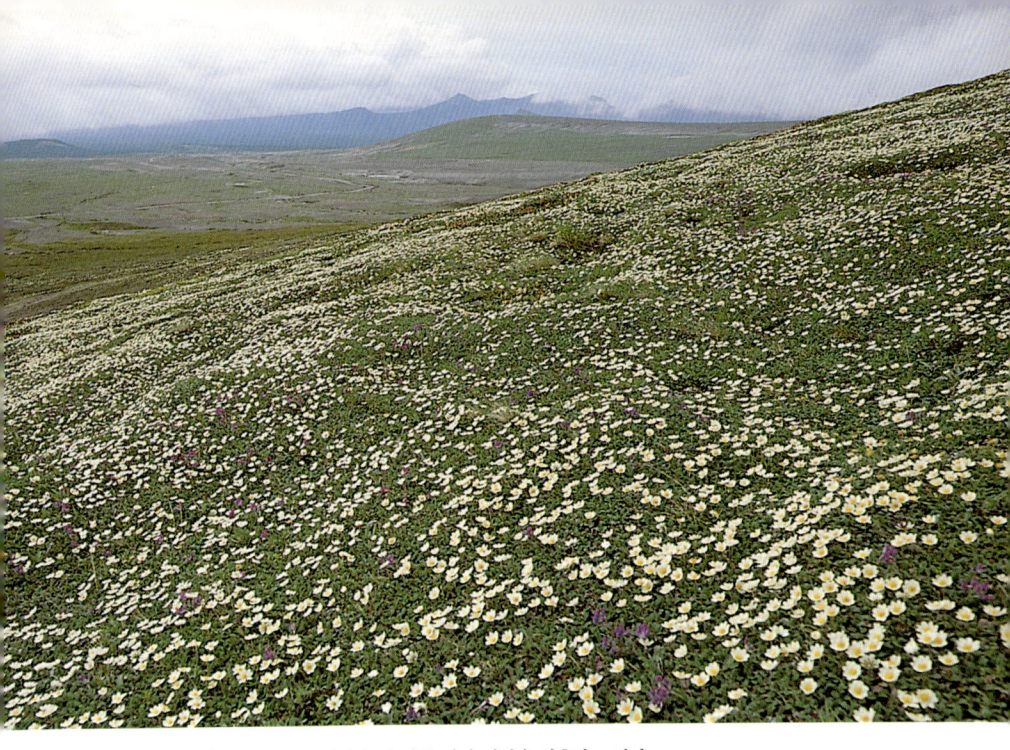

백두고원 담자리꽃 군락이 능선 가득 피어 절경을 연출하고 있다.

그곳에는 아직도 눈과 얼음이 많이 쌓여 있어 우리는 여름 옷을 벗고 다시 두터운 겨울 옷으로 갈아입어야 했다. 계절에 관계없이 늘 추운 기후인 고원지에서 이제 막 꽃망울을 터뜨리기 시작한 고산지대의 야생화들과 조우한 필자는, 머무는 동안 매일 그들과 무언의 대화를 나누었다.

우리는 장장 34일간 백두고원의 구석구석을 탐사하였다. 때로는 몇 미터 높이의 눈과 얼음이 길을 막아 더 이상 가지 못하고 눈과 얼음 위에 캠프를 설치한 채, 밤이면 수은주가 뚝 떨어지는 그곳의 날씨와 싸워야 했다. 백두고원지는 한낮에도 기온이 많이 떨어져 겨울 점퍼가 없으면 활동할 수 없는데도, 숲이 울창해서인지 깔따구라는 작은 모기가 밤낮없이 설쳐 대는 바람에 취재팀의 고생이 극심했다. 또한 하루에도 몇 차례씩 갑자기 천둥 번개가 치고, 커다란 우박이나 비가 내리는 악조건이 되풀이되어 수시로 캠프를 옮겨야 하는 번거로움을 겪어야 했다. 이처럼 열악한 기후 조건과 빠

빠한 일정에 피로와 외로움을 느끼기도 했지만, 눈과 얼음을 뚫고 피어나는 많은 꽃들과 밤하늘을 빽빽이 수놓은 별들을 보면서 많은 위안과 힘을 얻곤 했다.

백두고원 탐사는 남한에서 파견된 8명과 북한 안내원을 포함해 모두 20여 명이 팀을 구성해 진행되었는데, 때로는 더 많은 인원이 되기도 하였다. 탐사팀은 2개의 팀으로 나누어, 동쪽으로는 두만강의 발원지부터 시작해 강을 따라 내려가고, 서쪽으로는 압록강의 발원지에서 물길을 따라 수백 킬로미터씩 이동하였다.

동쪽 지역은 하늘 아래 첫 동네라 일컬어지는 신무성 지구에서 두만강 발원지, 무포낚시터, 대홍단 농경지, 해발 900미터에 위치한 약 3천만 평의 밭에서 감자와 밀 농사를 짓는 고랭지 농경지나 삼장 지구, 압록강과 서두

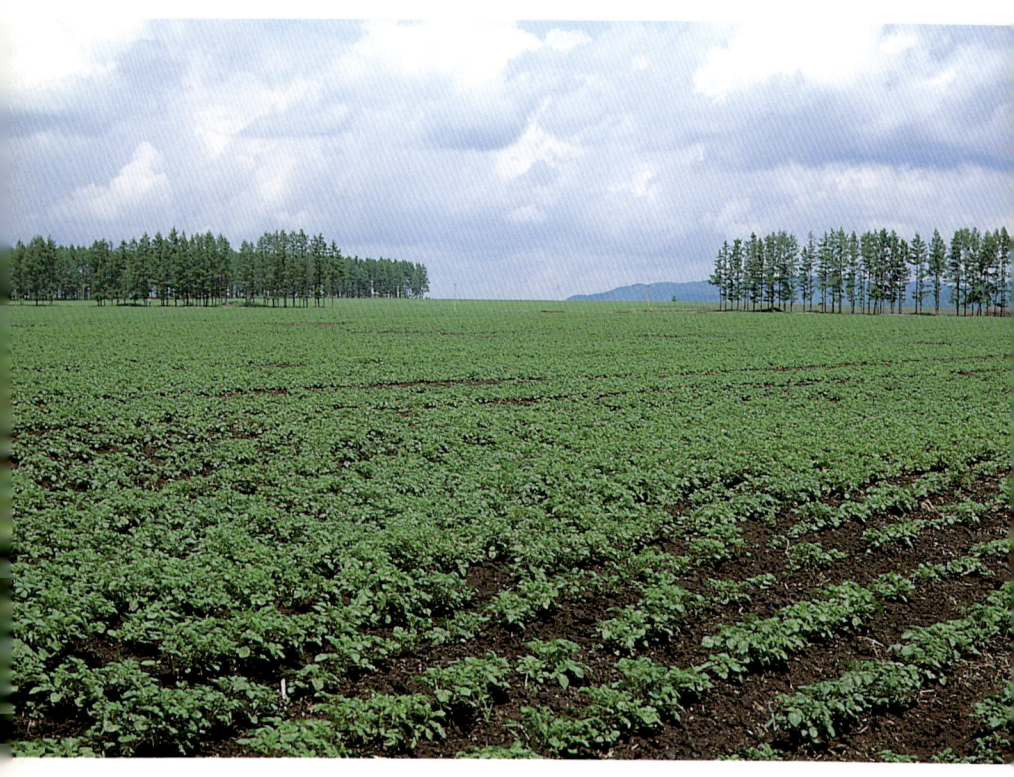

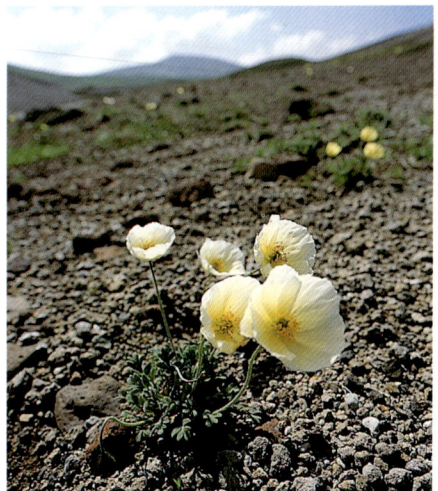

대흥단군의 감자밭 신무성에서 약 150킬로미터 떨어진 대흥단에서는 감자와 밀, 보리 등을 주로 재배하고 있다. (옆면 아래)
흰두메양귀비
천지 주변의 만년설 한여름에도 녹지 않고 계속 쌓여 있는 만년설의 두께는 약 4미터 정도이다. (아래)

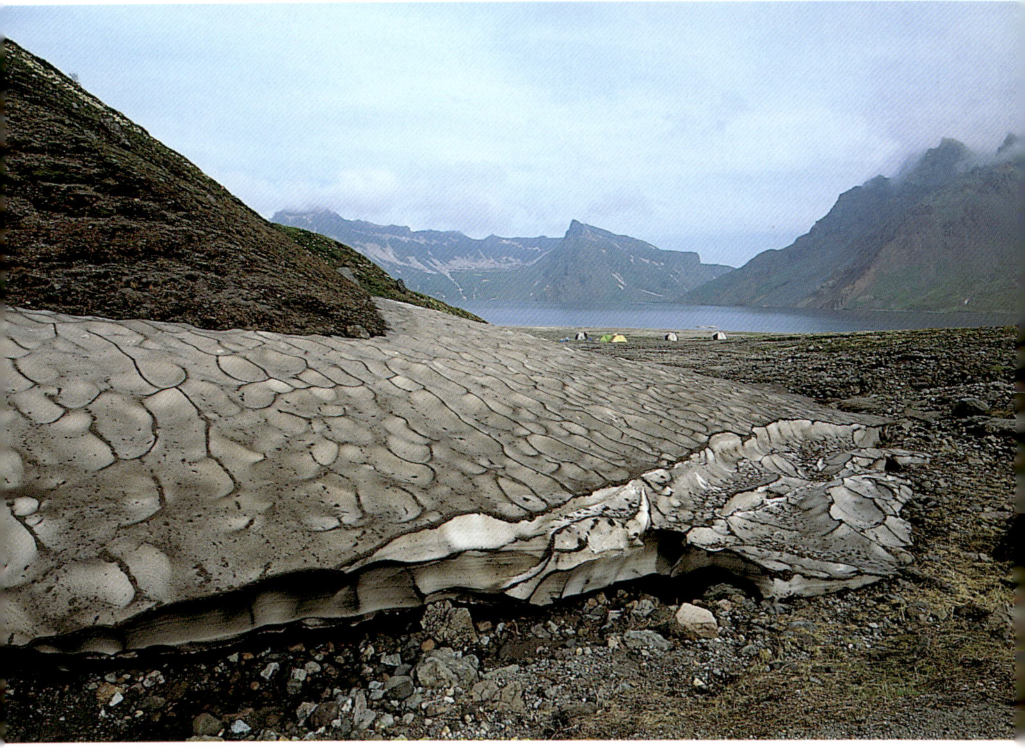

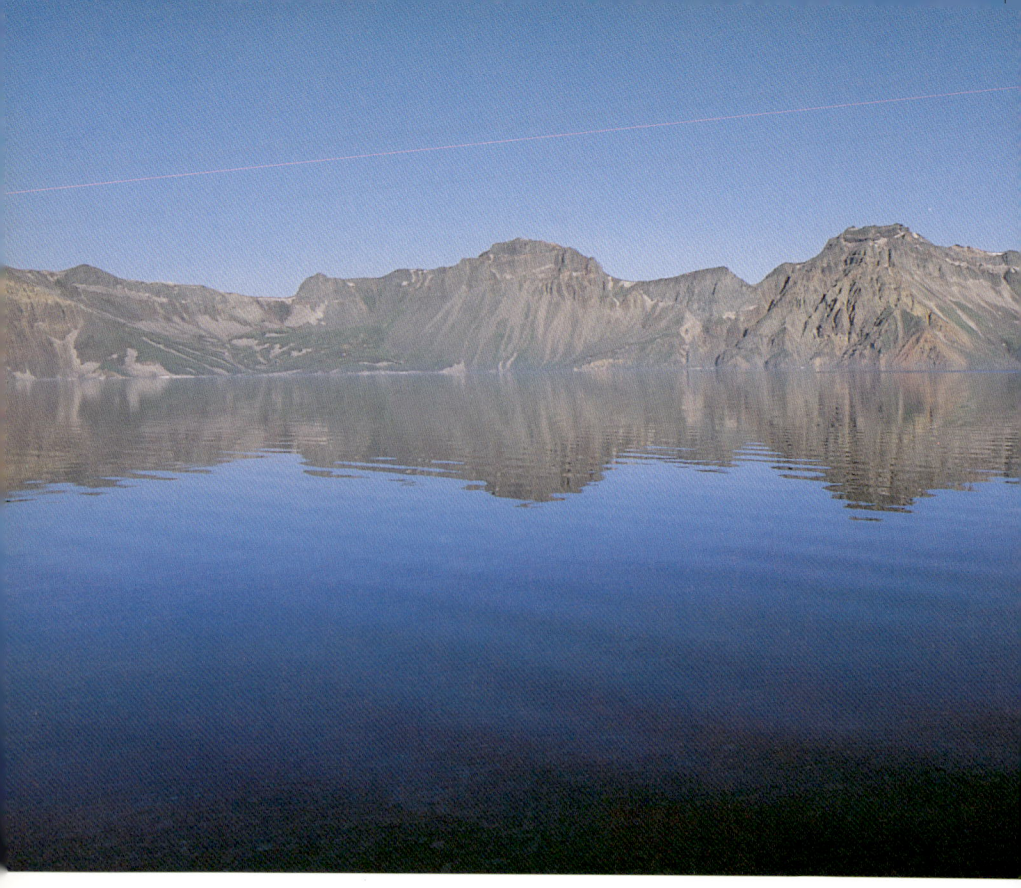

수가 합류하는 지점까지 두만강을 따라 탐사하였다.

서쪽 지역은 소연지봉 옆의 압록강 발원지에서 출발해 대연지봉, 소연지봉, 선오산, 곰산, 소백산, 청봉, 리명수 지구, 남포태산, 보천, 내곡리, 곤장덕에 이르기까지 수백 킬로미터를 따라 내려오고 삼지연 지구, 무두봉, 간백산, 백두산에 이르기까지 광활한 백두고원과 그 일대를 탐사하였다.

비록 사진에 담을 수 없는 지역이 더 많았지만, 우리가 백두고원을 찾은 시기가 봄꽃이 가장 많이 피는 계절인 데다 나중에는 여름꽃으로 피어나는 때여서 희귀 특산종인 장군풀(왕대황), 조선바람꽃, 풍선난초, 분황노루발, 명천봄맞이꽃, 민산작약, 너도양지꽃, 물싸리풀을 비롯하여 백산차, 좁은잎백산차 등의 꽃을 카메라에 담을 수 있었다.

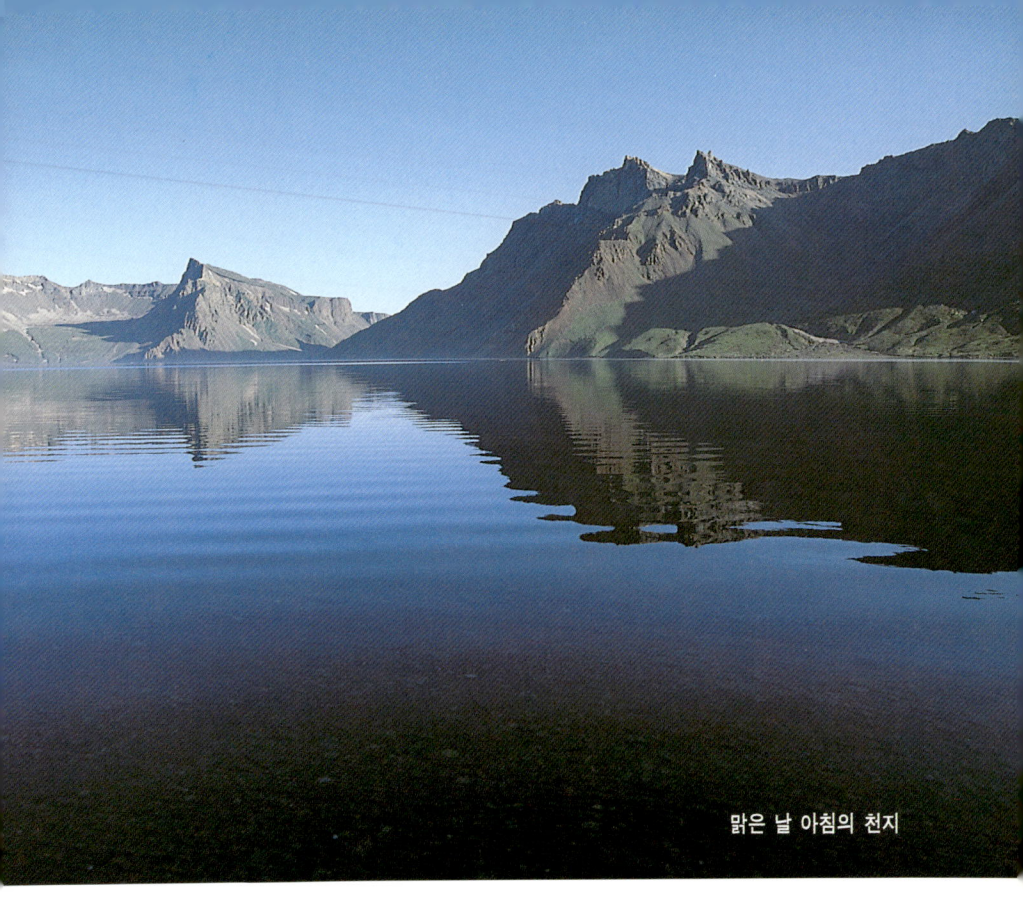

맑은 날 아침의 천지

　시기적으로 천지 안쪽으로의 출입이 금지되어 있는 6월에 천지 호반을 탐사할 수 있었던 것도 큰 행운이었다. 6월이라고는 하지만 천지 호반 주변에는 두꺼운 얼음이 남아 있었는데 좀참꽃, 노랑만병초 등이 군락을 이루어 피어 있는 모습은 추위와 얼음을 무색케 하는 장관이었다.

　더불어 6월 23일부터 26일까지 다시 천지 호반으로 들어가, 모래 언덕에 캠프를 설치하고 3박 4일간 천지 호반을 탐사한 것은 큰 소득이 아닐 수 없다. 다행이 그 나흘 동안은 맑은 날씨가 계속되어 아름다운 천지의 풍경과 더불어 주변에 만개한 돌꽃, 담자리꽃나무, 개감채, 두메양귀비, 흰바위취, 나도수염, 너도양지꽃, 노랑만병초, 콩버들, 개머위, 가솔송, 좀참꽃, 두메자운, 두메냉이, 애기냉이 등 많은 고산식물들을 관찰할 수 있었다. 또한 맑은 날씨 덕분에 백두산 천지에서의 일몰과 일출을 제대로 보는 행운을 누렸다. 한밤중 천지에서 밀려오는 물결 소리가 너무 웅장해 자다가 소스라치게 놀란 적도 있고 해발 2,200미터에 이르는 천지 호반에서 올려다본 밤 하늘에는 육안으로도 식별할 수 있을 만큼 뚜렷한 형상의 수많은 별들이 맑은 호수 위로 곧 쏟아질 듯 아름다웠다. 수정처럼 맑은 천지와 주변을 가득 메운 야생화와 밤하늘 별들이 어우러진 밤 풍경은 영원히 잊혀지지 않을 추억으로 남을 것이다.

50여 년 동안 금단의 땅이었던 최북단의 백두고원을 두루 탐사하면서, 고원지에서 살아가는 북한 사람들의 삶을 직접 체험하고 느낄 수도 있었지만, 카메라에 담을 수 없는 현실이 아쉬움으로 남는다. 그러나 한편으로는 많은 식물들이 우리와는 다른 이름으로 불리고 있다는 사실을 확인할 수 있었고, 고원지 사람들의 주식인 감자를 이용한 수십 종의 음식을 직접 먹어 볼 수 있었던 것은 식물을 연구하는 사람으로서 또 하나의 소득이 되었다고 생각한다.

탐사단 일행이 백두고원에 처음 들어갈 때 엷은 포(包)를 쓰고 꽃망울을 터뜨리던 장군풀(왕대황)이, 탐사를 마치고 떠나 올 무렵에는 귀룽나무와 같이 열매를 조롱조롱 매달고 있었다.

백두고원의 식물 생태

백두고원은 우리나라 최북단의 내륙 깊숙이 자리하고 있다. 그리고 백두고원 일대는 그 지형 조건과 특이한 기후 조건으로 인하여 이곳에서 자라는 생물상은 일정한 특성을 가지고 있다. 이 일대는 광활한 고원지로서 우리나라의 다른 지역에 비하여 동·식물의 분류군이 매우 다양하고, 그 종 수가 대단히 풍부하다고 볼 수 있다.

백두고원 일대의 종자식물(種子植物)만 하여도 103과 418속 1,261종이 분포하여 있으며, 이 밖에도 양치류(羊齒類: 고사리류) 70여 종, 선태류(蘚

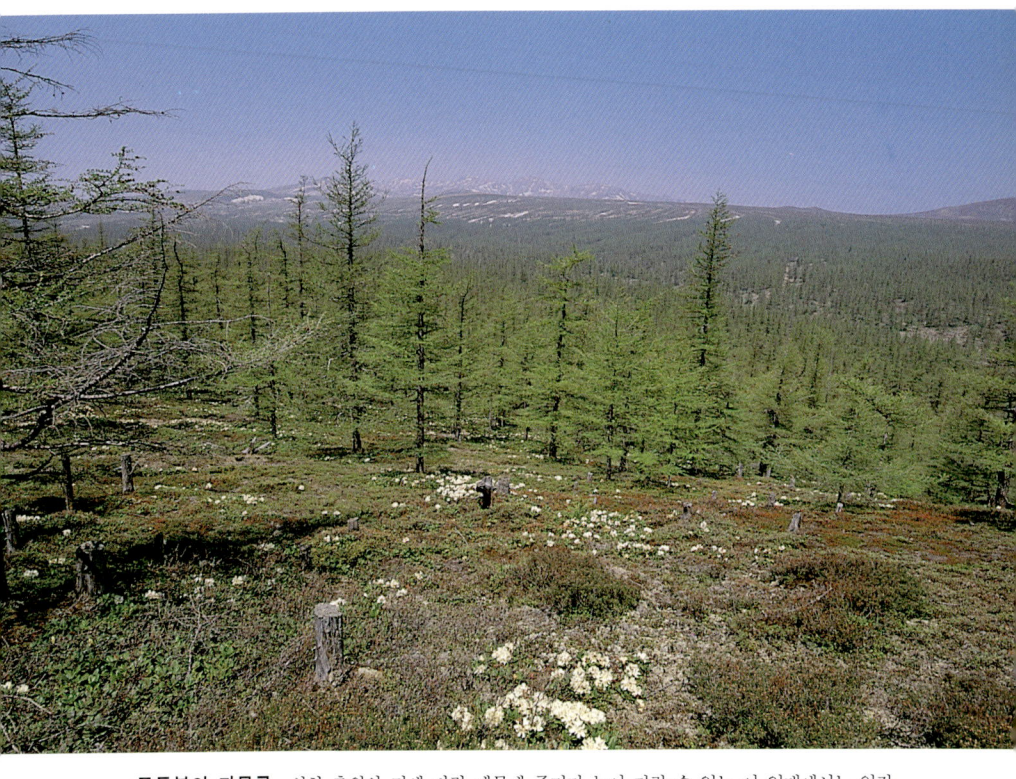

무두봉의 관목류 심한 추위와 거센 바람 때문에 줄기가 높이 자랄 수 없는 이 일대에서는 잎갈나무숲에 만병초가 군락을 이루어 자란다.

苔類) 244종, 지의류(地衣類) 275종, 균류(菌類) 327종이 분포하고 있다. 이는 백두고원의 남동쪽, 즉 북측 지역을 한계 지어 나온 숫자이다. 또한 백두고원 일대에는 우리나라의 다른 지역에서는 찾아볼 수 없는 생물들이 분포되어 있는 것이 특징이라 하겠다.

백두산 일대의 특산식물만 하더라도 종비나무, 장군풀(왕대황)을 비롯하여 23과 35속 48종이나 되며, 백두고원 일대의 생태적 환경의 차이로 인하여 동·식물 분포에서 뚜렷한 차이를 보인다.

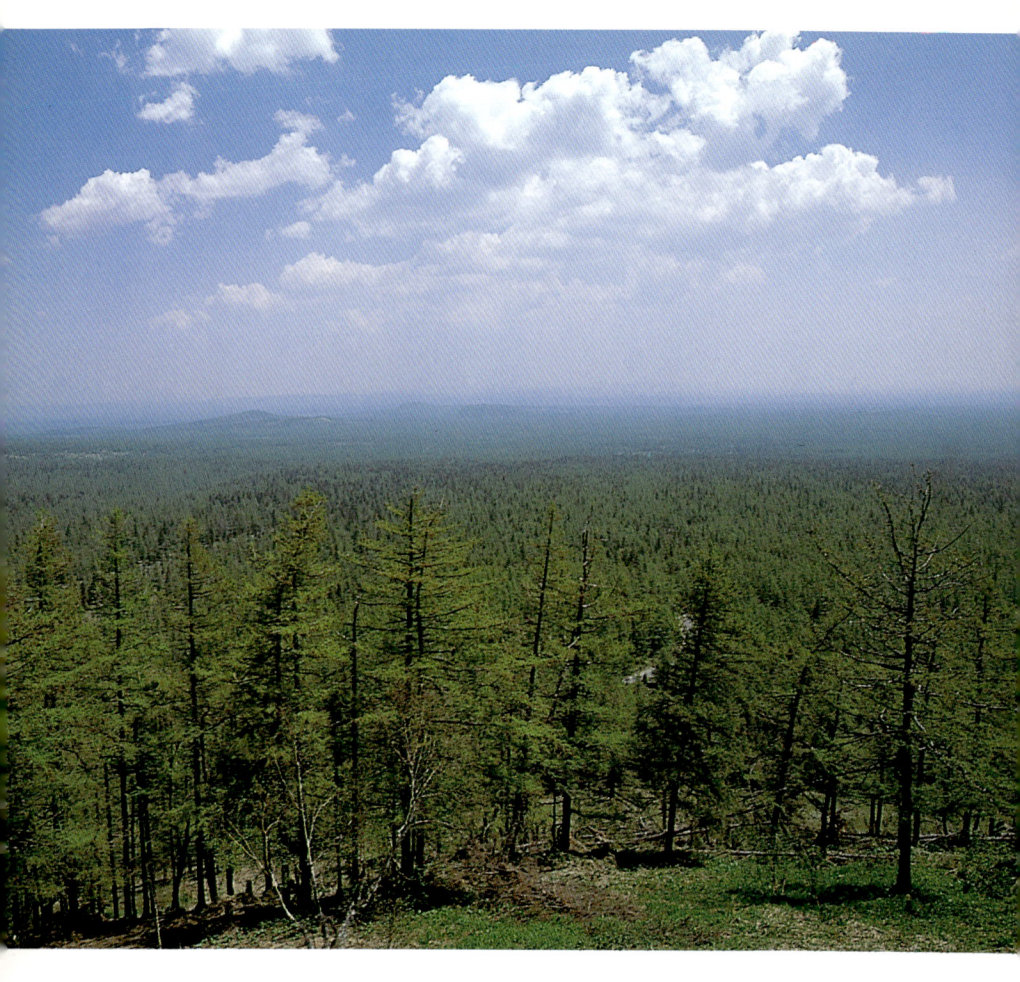

　해발 고도에 따른 백두산 일대의 식물 분포를 보면 고산초본대(高山草本帶), 아고산관목림대(亞高山灌木林帶), 침엽수림대(針葉樹林帶), 침엽 및 활엽혼합림대(活葉混合林帶), 낙엽활엽수림대(落葉活葉樹林帶) 등으로 구분할 수 있다. 고산초본대와 아고산관목림대는 해발 2,000미터 이상 되는 지대로서, 심한 추위와 거센 바람 등 식물의 성장 발육에 불리한 여건을 갖추었다. 이 지역에서 자라는 관목류(灌木類)인 좀잎갈나무, 곱향나무 들은

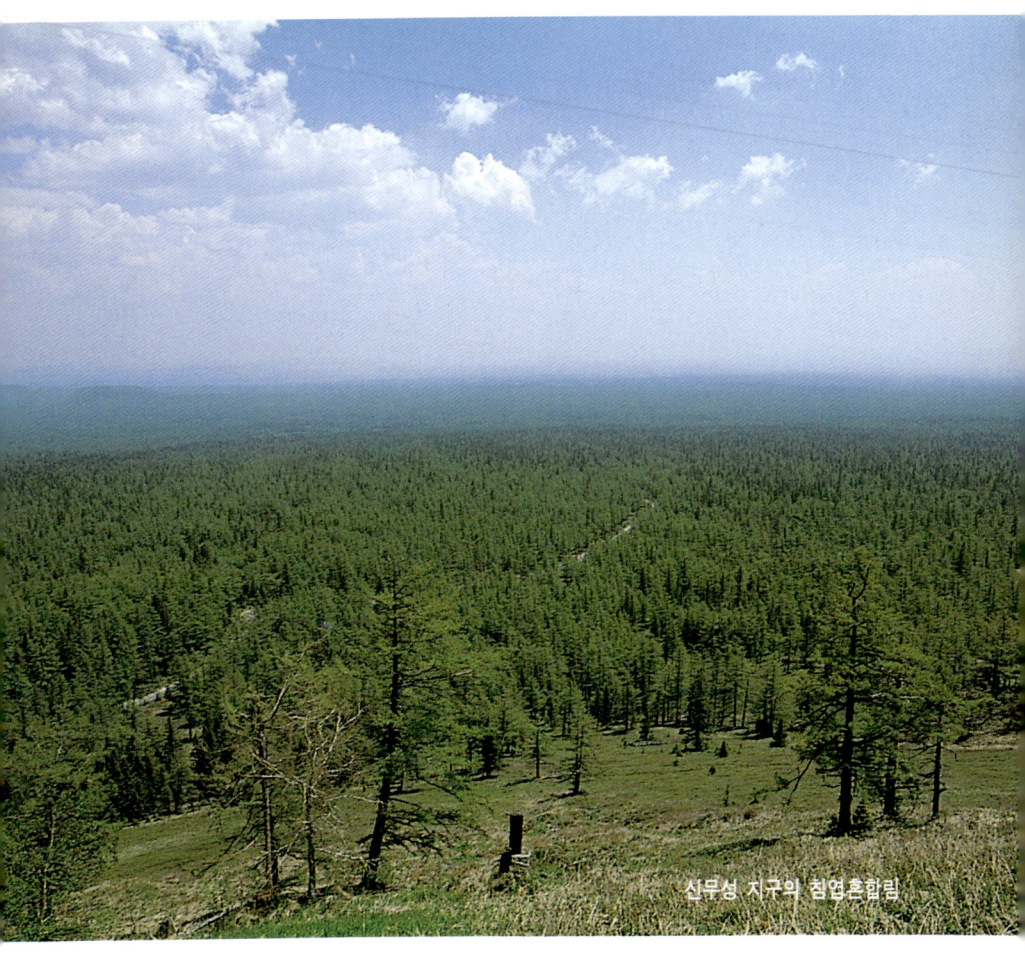

신무성 지구의 침엽혼합림

줄기가 높이 자라지 못하고 대개 땅 위로 벋으면서, 밑동에서 여러 개의 가지가 자라 떨기 모양을 이룬다. 또한 이 지역에는 들쭉나무, 담자리꽃나무, 시로미, 좀참꽃, 노랑만병초 등 작은 관목들이 자란다.

초본류(草本類) 역시 키가 큰 식물들은 자라지 못하고, 키가 작은 두메양귀비, 솜분취, 좀설앵초, 은양지꽃, 하늘매발톱, 두메자운, 나도개미자리 등이 자라고 있다.

백두고원의 해발 고도에 따라 자라는 식물 군락의 수직 분포도

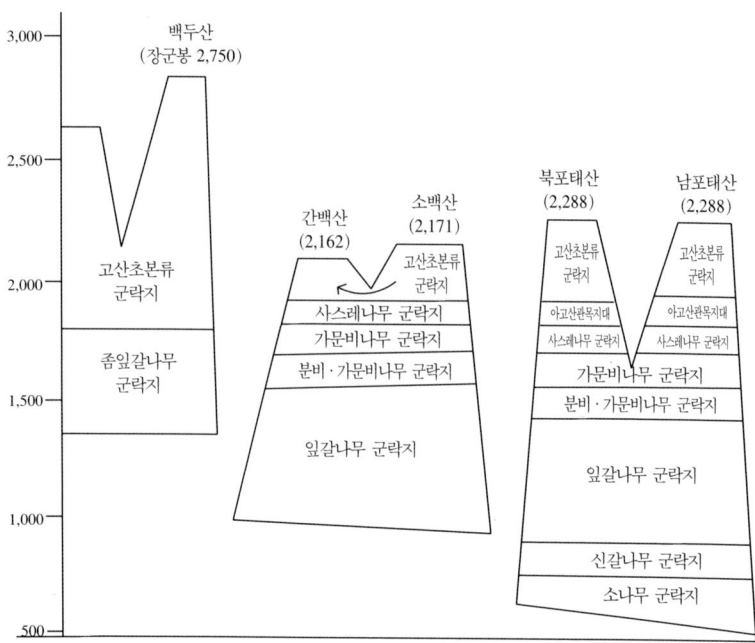

침엽수림대는 해발 고도 1,100미터에서 1,900미터인 수목한계선 지대로서, 이곳에는 가문비나무류, 분비나무류 등과 더불어 좀잎갈나무군이 우점종으로서 전체 면적의 많은 부분을 차지하고 있어, 백두산의 다른 어느 방향보다 특이한 현상을 이룬다.

해발 고도 1,900미터 안팎으로 수목한계선의 띠대를 이루는데, 이곳은 모두 침엽수림지대로 좀잎갈나무가 전체를 차지하고 있다. 이곳을 제외한 중국 지역에는 모두 활엽수인 사스레나무가 수목한계선의 띠대를 이룬다는 점이 다르다.

침엽수와 활엽수의 혼합림대는 해발 고도 900미터에서 1,100미터 정도의 지대들로서 소나무류, 잣나무류 등 침엽수와 참나무(상수리나무)류, 피나무(달피) 등 활엽수들이 섞여서 자란다.

또한 지리학적으로 볼 때 백두고원은 하나의 분포계선(分布界線)을 이루는 특성이 뚜렷이 나타나는 백두고원 고유의 생물상(生物狀)을 형성한다. 이 때문에 많은 종들이 백두고원 일대를 분포의 남방한계선(南方限界線)으로 하여 분포되어 있다.

그리고 백두고원 일대 생물상의 특징은 백두산 일대에서 일어난 조산 운동, 화산 분출 등으로 인한 지역(地域) 및 수역(樹域)의 고립과 분립 등, 복잡한 지사학적 과정을 거쳐 오면서 종 및 아종적 분화가 일어나, 이 지역의 고유한 생물상을 이루고 있다 할 수 있다.

백두산 지역의 수목 우점종
교목류(喬木類)
① 분비나무 ② 가문비나무 ③ 좀잎갈나무 ④ 잎갈나무

관목류(灌木類)
① 노랑만병초 ② 좀참꽃 ③ 담자리꽃나무 ④ 눈산버들 ⑤ 물싸리
⑥ 백산차

초본류(草本類)
① 두메자운 ② 은양지꽃 ③ 명천봄맞이꽃 ④ 두메양귀비 ⑤ 하늘매발톱
⑥ 개머위 ⑦ 돌꽃

백두고원의 식물상

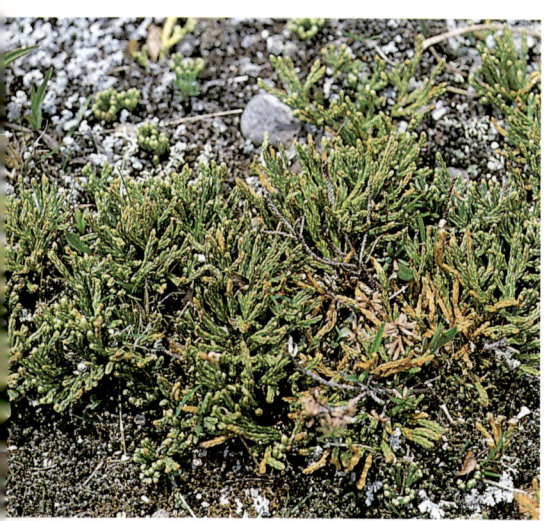

좀다람쥐꼬리
Lycopodium selago L.

색랍과석송(色拉果石松)이라 불리기도 하는 석송과의 상록성(常綠性) 다년생초본(多年生草本)이다. 우리나라 중부 지방과 북부 지방의 높은 산 양지 바른 곳에서 자란다.

높이는 3~10센티미터이다. 원줄기는 가지가 갈라지거나 밑에서 여러 개로 갈라져 한 묶음을 이루고 옆으로 비스듬히 자란다. 땅에 닿는 곳에서 뿌리가 내리고 윗부분 끝에 무성아(無性芽: 무성 생식으로 생긴 싹)가 달린다. 6월에 포자낭(胞子囊)이 형성되고 잎맥에 1개씩 달려 8월에 포자가 터진다.

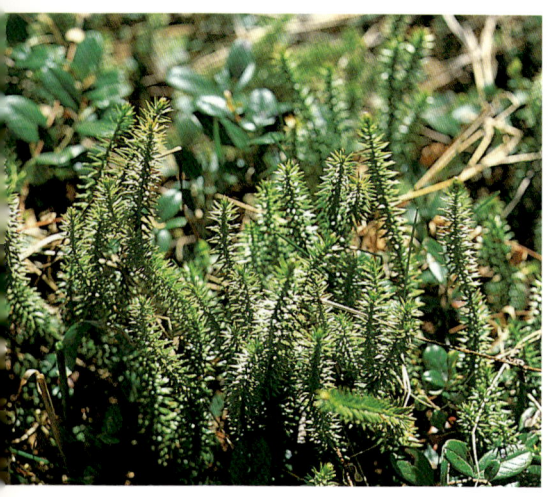

다람쥐꼬리
Lycopodium chinense CHRIST.

중화석송(中華石松)이라 불리기도 하는 석송과의 상록성 다년생초본이다. 우리나라 전국의 깊은 숲속에서 자란다. 높이는 5~15센티미터이고 밑 부분이 옆으로 자라면서 2개씩 몇 번 갈라지고 곧게 선다. 6월에 윗부분의 잎맥에 포자낭이 1개씩 달리지만, 포자낭수(胞子囊穗)를 형성하지는 않는다. 가지 끝부분에 생기는 엇눈은 녹색이며 양쪽에 날개가 있다. 8월에 땅에 떨어지면 싹이 돋아서 새로운 개체(個體)가 된다.

포태면마

Dryopteris coreanomontana NAKAI

조선고산린모궐(朝鮮高山鱗毛蕨)이라 불리기도 하는 고사리과의 다년생초본이다. 우리나라 북부 지방의 고원지, 가문비나무와 잎갈나무 숲속에서 자란다. 높이는 1미터 안팎으로 관중과 비슷하지만, 열편(裂片) 사이가 넓고 톱니가 약간 깊으며, 인편(鱗片)은 우축(羽軸) 뒷면에 약간 남을 뿐이다. 엽신(葉身)은 피침형(披針形: 길이와 너비의 비율이 6대 1에서 3대 1 정도로 끝을 향해 좁아지는 형태)으로 약 80센티미터 정도이다. 7월에 중앙부에 포자낭이 달리며, 포막(胞膜)은 지름 1밀리미터로 털이 없고 8월에 포자가 터진다. 현지 주민들은 어린 순을 나물로 먹는다.

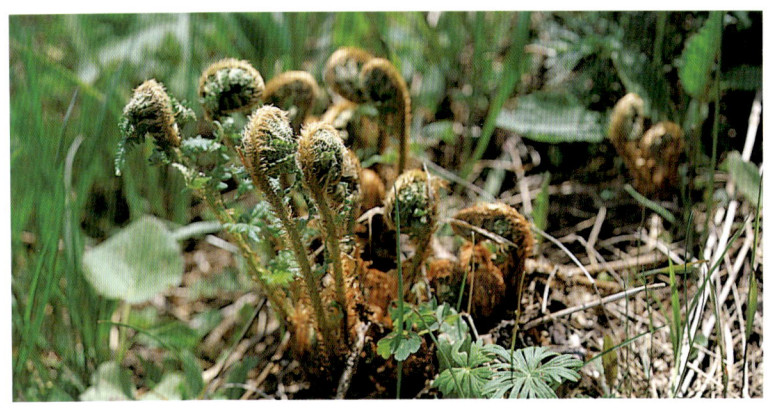

잎갈나무(이깔나무)

Larix gmelini var. principisruprechtii(MAYR) PILGER

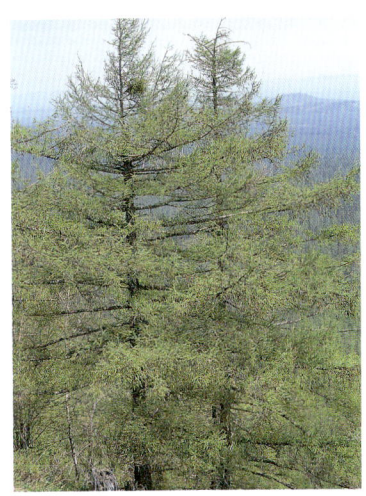

조선낙엽송(朝鮮落葉松), 녹과황화송(綠果黃花松), 청잎갈나무라 불리기도 하는 소나무과의 낙엽교목이다. 우리나라 중부 지방과 북부 지방의 고산지대에서 잘 자란다. 높이는 37미터 안팎, 지름은 1미터 안팎이고 가지가 수평으로 퍼지거나 밑으로 처진다.
4월에 황색 꽃이 피고 9월에 구과(毬果: 소나무과 식물에서 볼 수 있는 둥근 열매)가 익는다. 실편(實片)은 25~40개이고 다갈색이며, 종자는 길이 4밀리미터, 지름 2밀리미터이고 날개는 너비 2밀리미터 정도이다. 자연생은 금강산 이북에서 자란다.

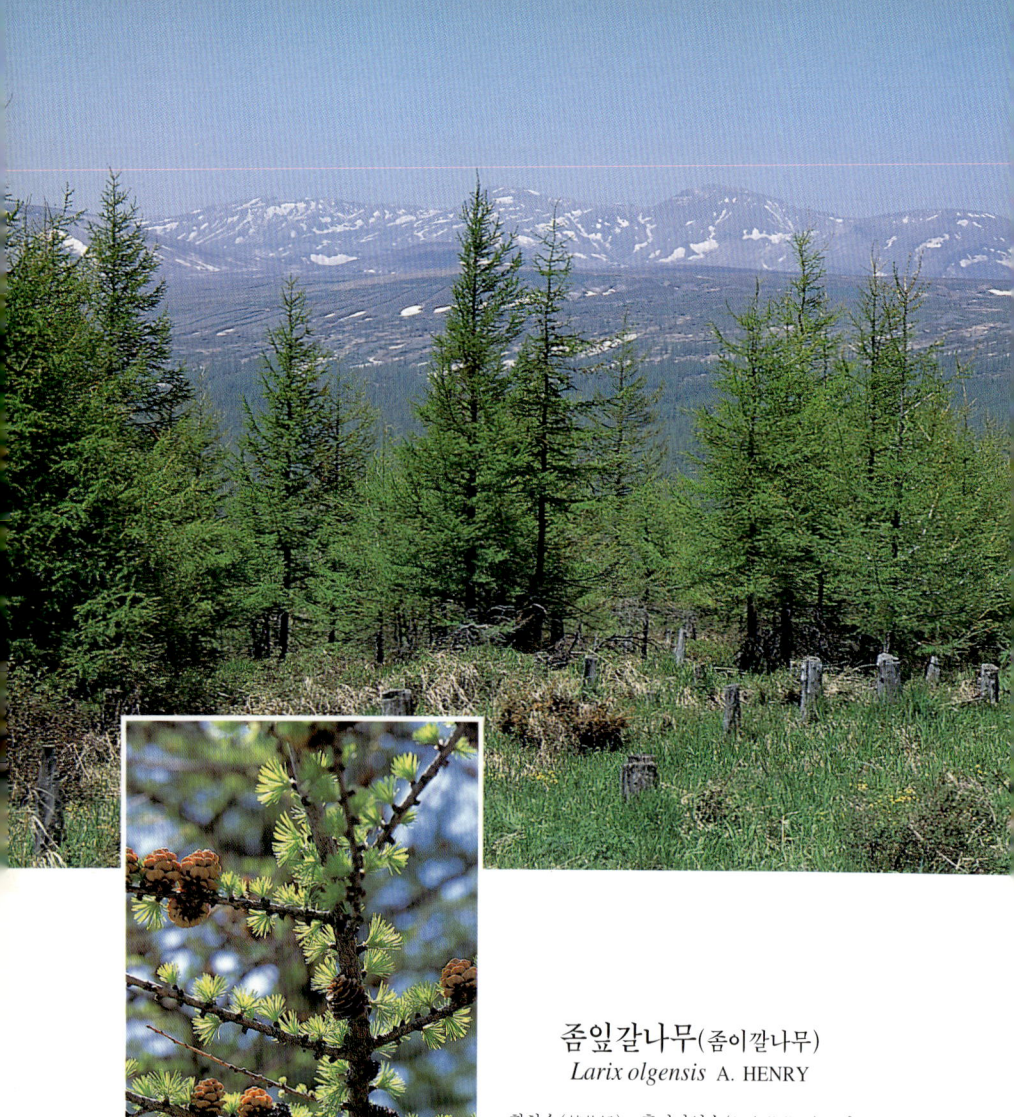

좀잎갈나무(좀이깔나무)
Larix olgensis A. HENRY

황화송(黃花松), 홍피낙엽송(紅皮落葉松), 만주
낙엽송(滿州落葉松), 만주이깔나무라 불리기도
하는 소나무과의 낙엽교목이다. 우리나라 북부
지방의 고원지에 자라며, 높이는 30미터 안팎이
지만 고원지에서는 5미터 안팎까지 자란다.
생김새가 잎갈나무와 비슷하지만 높이가 작고
수피(樹皮)가 적색인 것이 다르다. 4월에 황색
꽃이 피고 9월에 구과가 익는다.

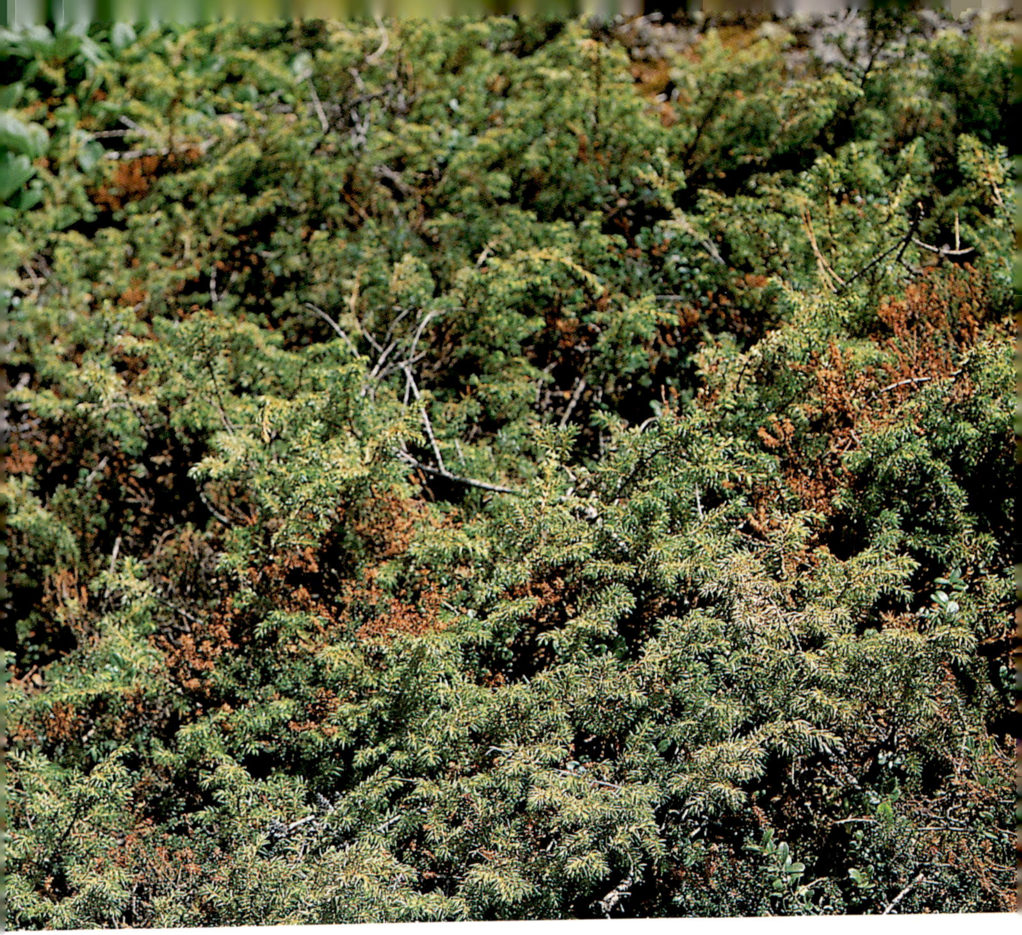

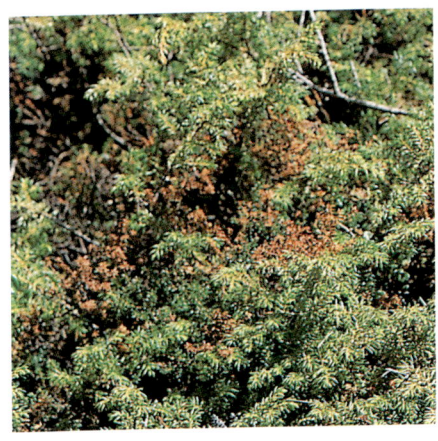

눈측백(누운측백)

Thuja koraiensis NAKAI

조선애백(朝鮮崖柏), 장백측백(長白側柏),
누운측백, 천리송, 찝빵나무라 불리기도 하
는 측백나무과의 상록소교목(常綠小喬木)이
다. 우리나라 중부 지방과 북부 지방의 고산
지대에서 흔히 볼 수 있으며, 관목상(灌木
狀)으로 북위 35도 이북에서 잘 자란다.
높이는 10~20미터, 지름은 20~30센티미터
이지만 고산지에서는 이보다 작으며, 수피가
회갈색으로 얇게 갈라진다. 5월에 꽃이 피는
데 수꽃은 황색이고 암꽃은 갈색이다. 9월에
열매가 익는다. 구과는 타원형이고 5~10개
의 종자가 들어 있다.

개감채

Lloydia serotina REICHENB.

와판화(注瓣花), 두메무릇이라 불리기도 하는 백합과의 다년생초본이다. 대부분 우리나라 북부 지방의 고산지대 암석지에서 자란다. 높이는 7~15센티미터로, 인경(鱗莖: 비늘줄기)이 원추형(圓錐形)이고 외피(外皮)는 연한 황갈색이다.

뿌리에서 나온 잎은 보통 2개씩 달린다. 6, 7월에 백색 꽃이 피는데, 꽃 뒷면에는 흰 바탕에 자줏빛이 도는 맥(脈)이 있다. 9월에 삭과(蒴果: 속이 여러 칸으로 나뉘고 칸마다 씨가 들어 있는 열매)가 익는다.

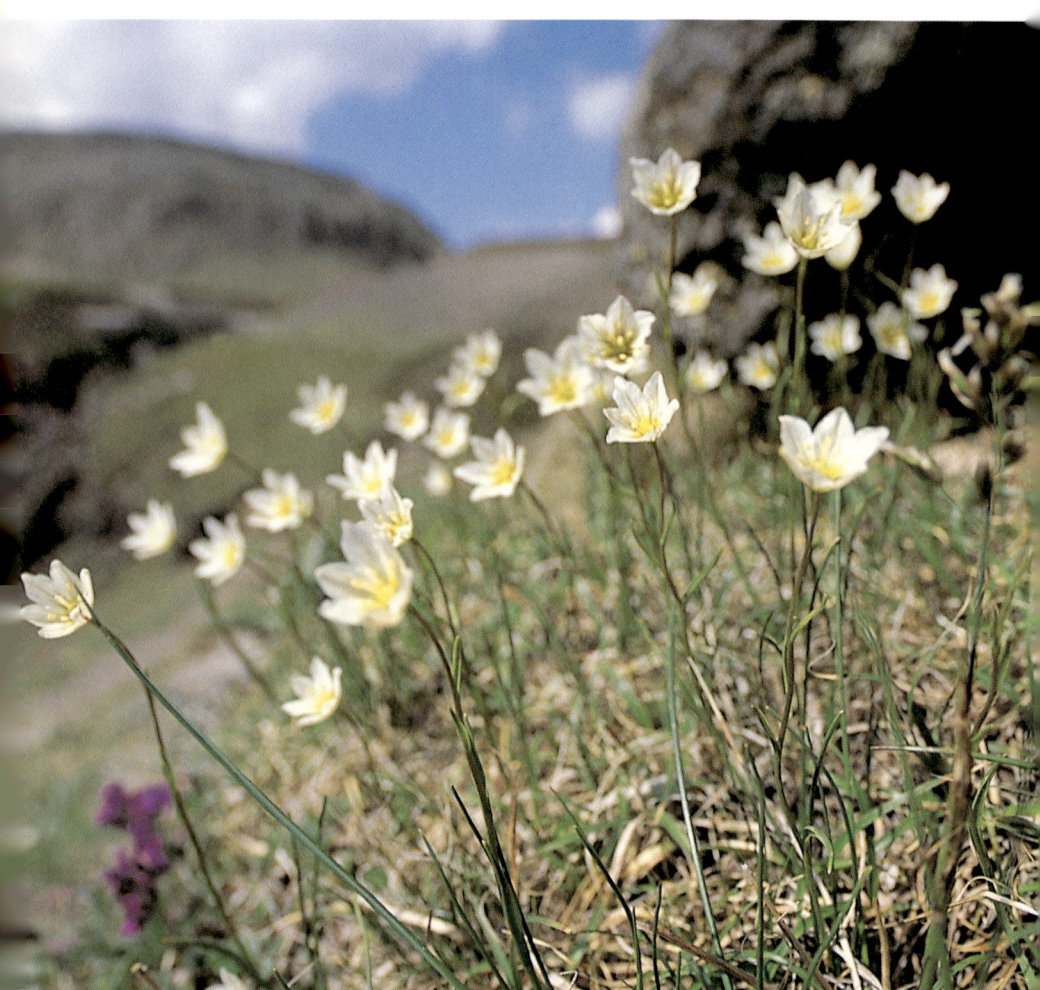

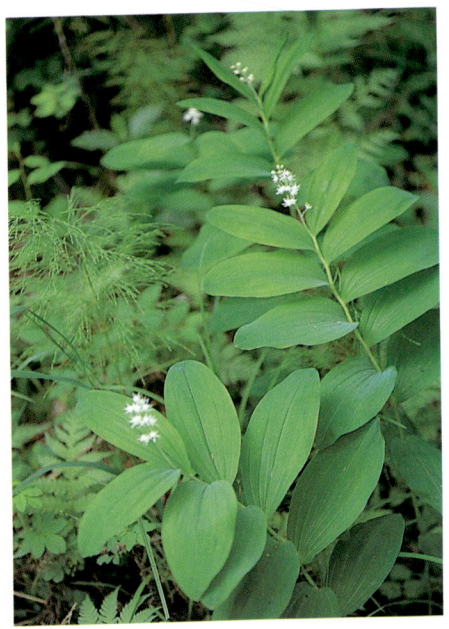

민솜대
Smilacina davurica TURCZ.

분기녹약(分岐鹿藥), 녹약(鹿藥)이라 불리기
도 하는 백합과의 다년생초본이다. 우리나라
중부 지방인 강원도 이북의 깊은 숲속에서
자라며, 높이는 40센티미터 안팎이다.
근경(根莖: 뿌리줄기)이 옆으로 길게 벋으며
끝에서 원줄기가 1개 나오는데, 원줄기 밑
부분에 3개 정도의 엽초(葉鞘: 잎집)가 둘러
싸고 있다.
6, 7월에 원줄기 끝의 총상화서(總狀花序:
긴 꽃대에 여러 개의 꽃이 어긋나게 붙어서 밑
에서부터 끝까지 꽃이 피는 화서)에 백색의 꽃
이 달린다. 장과(漿果: 껍질이 얇고 살에는 즙
이 많으며 속에 씨가 들어 있는 과실)는 둥글
며 짙은 자줏빛이 도는 홍색을 띠는데 9월에
익는다. 어린 순은 나물로도 먹는다.

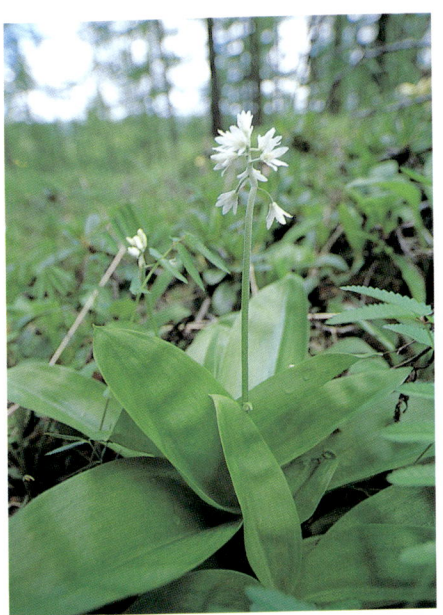

나도옥잠화
Clintonia udensis
TRAUTV. et MEYER

칠근고(七筋姑), 두메옥잠화, 제비옥잠, 당
나귀나물이라 불리기도 하는 백합과의 다년
생초본이다. 우리나라 남부 지방, 중부 지방,
북부 지방의 깊은 숲속에서 자란다.
높이는 20~70센티미터로 2개 내지 5개의 잎
이 나온다. 6, 7월에 백색 꽃이 피고 8, 9월
에 장과가 남색(藍色)으로 익는다. 어린 순
은 나물로 먹는다.

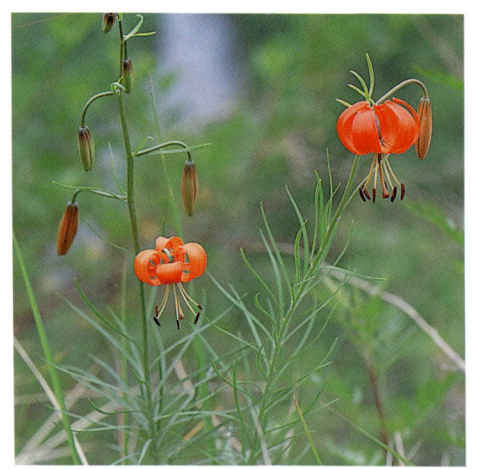

땅나리
Lilium callosum S. et Z.

조엽백합(條葉百合)이라 불리기도
하는 백합과의 다년생초본이다. 우
리나라 북부 지방, 중부 지방, 남부
지방의 햇볕 잘 드는 초원에서 자란
다.
높이는 30∼100센티미터이며 털이
없다. 인경은 작고 인편은 적으며,
인경 위의 원줄기에서 뿌리가 나온
다. 6, 7월에 황적색(黃赤色) 꽃이
피는데, 꽃에는 뚜렷하지 않은 반점
이 나 있다. 8, 9월에 긴 타원형의
열매가 3개로 갈라지며 열린다.

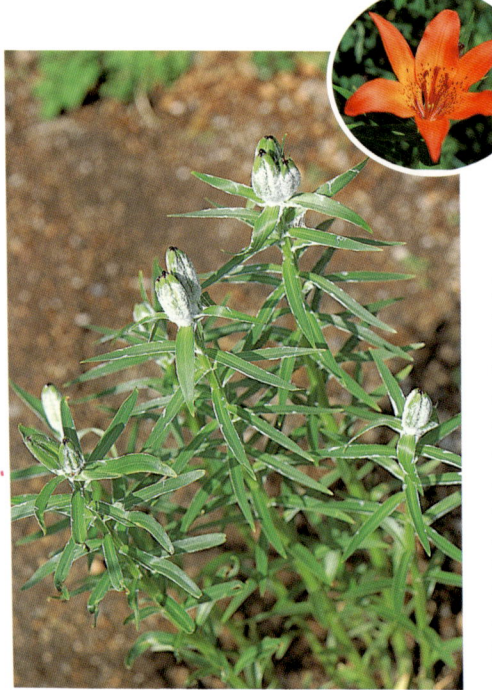

날개하늘나리
Lilium davuricum
KER-GAWL.

모백합(毛百合), 권연백합(卷蓮百
合), 백합(百合)이라 불리기도 하
는 백합과의 다년생초본이다. 우리
나라 북부 지방 및 중부 지방의 고
산지대에 나며, 백두산에서 더 많
이 자란다.
높이는 20∼90센티미터이고, 인경
은 지름 3∼5센티미터이다. 인편
중앙 윗부분에 관절(關節)이 있다.
원줄기에 세로줄이 있고, 능선 위
에 잔돌기 같은 날개가 달린다.
7, 8월에 황적색 바탕에 자주색 반
점 있는 꽃이 위를 향해 피어난다.
9, 10월에 타원형의 열매가 익으며
인경과 어린 순은 나물로 먹는다.

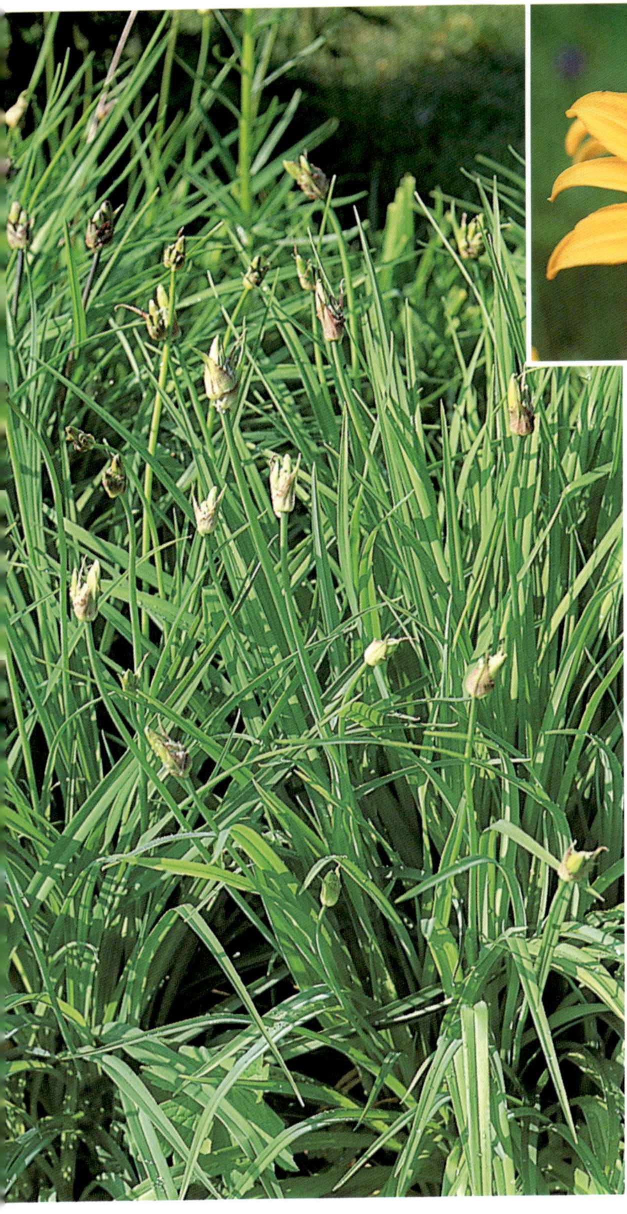

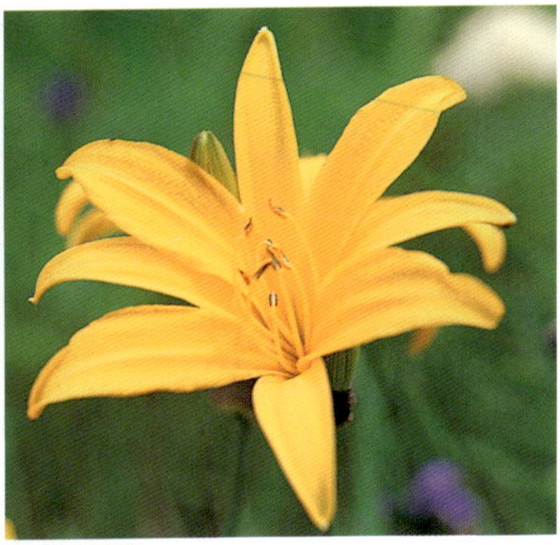

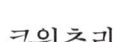

큰원추리

Hemerocallis middendorfii TRAUTV. et MEYER

대화훤초(大花萱草), 훤초근(萱草根), 넘나물이라 불리기도 하는 백합과의 다년생초본이다. 전국의 높은 산이나 고원지에서 잘 자라며, 높이는 40~70센티미터이다. 뿌리가 적갈색이며 군데군데 타원형의 굵은 부분이 있다.

6, 7월에 등황색(橙黃色) 꽃이 피고 9, 10월에 삭과가 터져 검은 종자가 나온다. 어린 순은 나물로 먹으며 뿌리는 한방에서 약재로 쓰인다.

박새

Veratrum patulum LOES. fil.

동운초(東雲草)라 불리기도 하는 백합과의 다년생초본으로 유독성 식물이다. 우리나라 각지의 심산 지역, 고원 습지(濕地)에서 군집하여 자란다. 높이는 150센티미터 안팎이고, 근경은 굵고 짧으며 밑에서 굵고 긴 수염뿌리가 사방으로 퍼진다. 원줄기는 둥글고 속이 비어 있으며 7, 8월에 연한 황백색(黃白色) 꽃이 원추화서(圓錐花序: 꽃차례의 축이 한 번 또는 여러 번 갈라져 맨 나중의 갈라진 가지가 총상화서를 이루어 전체가 원뿔 모양으로 되는 화서)에 많이 모여 핀다. 삭과는 9, 10월에 3개로 갈라지며, 근경은 한방에서 약재로 사용한다.

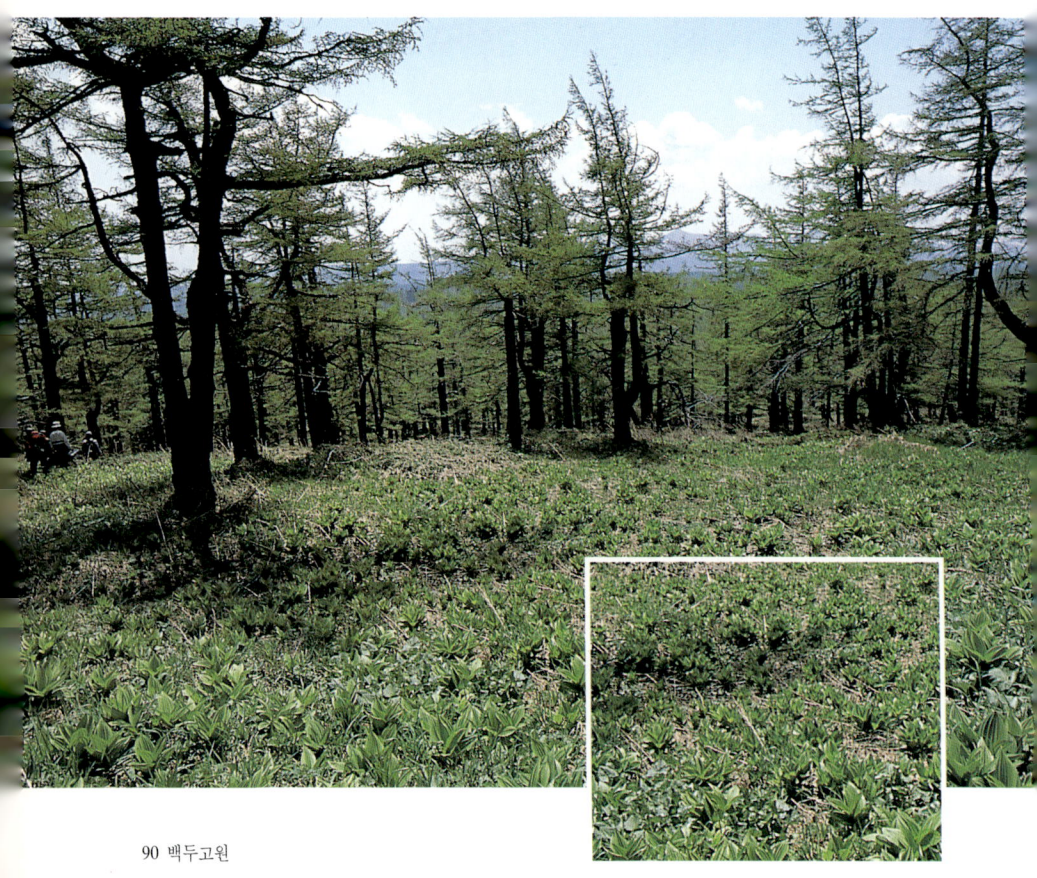

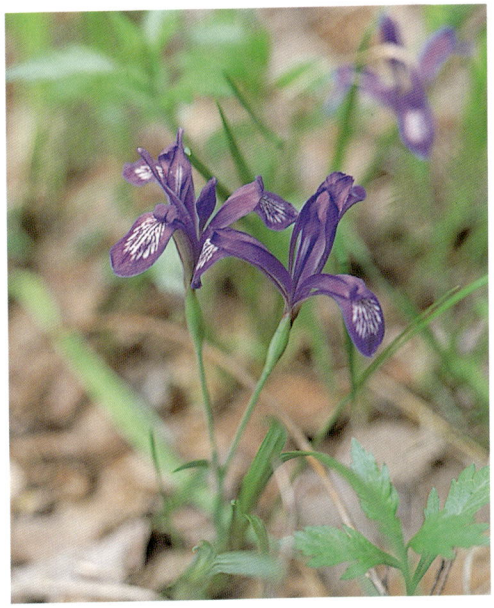

난장이붓꽃

Iris umiflora var. Caricina
KITAGAWA

용골단화연미(龍骨單花鳶尾), 난쟁이
붓꽃이라 불리기도 하는 붓꽃과의 다
년생초본이다. 우리나라 중부 지방,
강원도 이북의 숲속에서 자란다.
높이는 5~8센티미터이고 밑 부분에
묵은 잎이 엉켜 있다. 5, 6월에 자주
색 꽃이 피고 7, 8월에 삭과가 익는
다. 보통 관상초로 심는다.

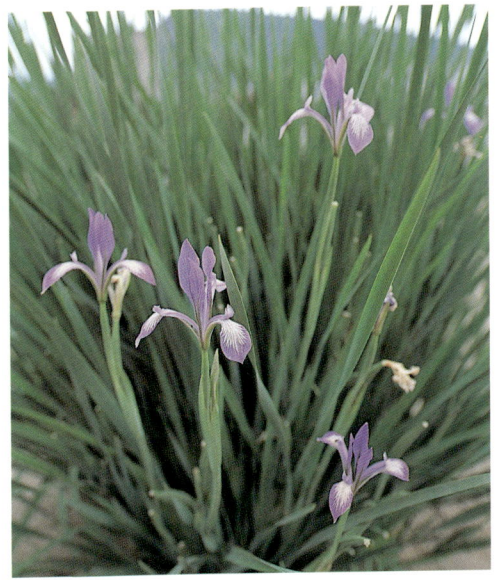

타래붓꽃

Iris lactea var. chinensis
(FISCH.) KOIDZ.

마란(馬蘭), 마란자(馬蘭子)로 불리기
도 하는 붓꽃과의 다년생초본이다. 전
국 각지의 산에서 자라는데 특히 건조
한 곳에서 잘 자란다. 높이는 40센티
미터 안팎으로 차츰 큰 포기를 이루
고, 잎은 갈 모양이며 비틀려 있고,
밑둥 부분에 자줏빛이 돈다. 5, 6월에
향기가 도는 연한 자주색 꽃이 피고
7, 8월에 삭과가 익는다.
근경은 금창(金瘡), 인후염(咽喉炎)
등에 약으로 쓰인다. 지혈제(止血劑)
로 쓰이기도 한다.

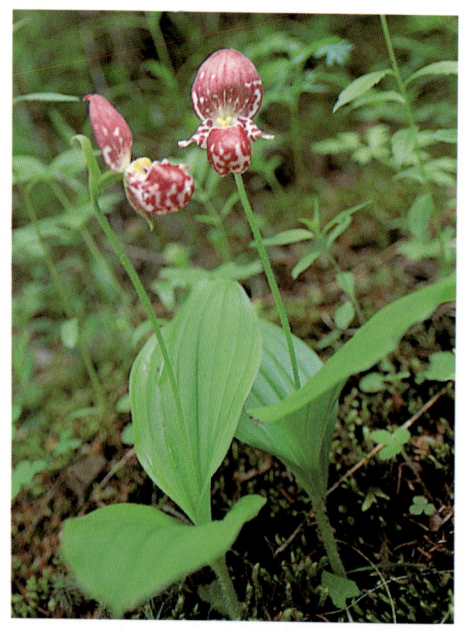

털개불알꽃

(털복주머니꽃, 털주머니꽃)
Cypripedium guttatum var. kokeanum NAKAI

조선소낭란(朝鮮小囊蘭), 애기작난화, 큰개불알꽃이라 불리기도 하는 난초과의 다년생초본이다. 우리나라 중부 지방과 북부 지방의 고산지대에서 많이 자란다. 높이는 30센티미터 안팎이고 전체에 털이 있으며, 지하경(地下莖: 땅속줄기)이 옆으로 벌고 마디에서 뿌리가 내린다.

6. 7월에 황백색 바탕에 자주색 반검이 있는 꽃이 핀다. 꽃의 순판이 주머니같이 생겼고 안쪽에 털이 있다. 8. 9월에 삭과가 익는다.

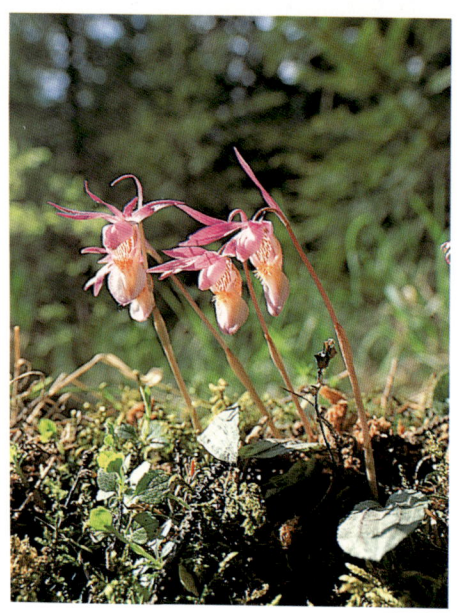

풍선난초

Calypso bulbosa REICHB. fil.

포대란(布袋蘭), 풍선란이라 불리기도 하는 난초과의 다년생초본이다. 우리나라 북부 지방인 백두산 지역 침엽수림 밑에서 자란다.

높이는 6~15센티미터이고, 근경이 타원체(楕圓體)의 육질(肉質)이며 끝에서 잎과 줄기가 각각 1개씩 나온다.

5. 6월에 연한 홍색 꽃이 피는데, 꽃은 순판(脣瓣: 3개의 꽃잎 중 1개로 보통 다른 2개보다 크고, 종류에 따라서는 모양에 특징이 있다)이 밑으로 처지며 주머니처럼 부푼다. 7. 8월에 삭과가 익는다.

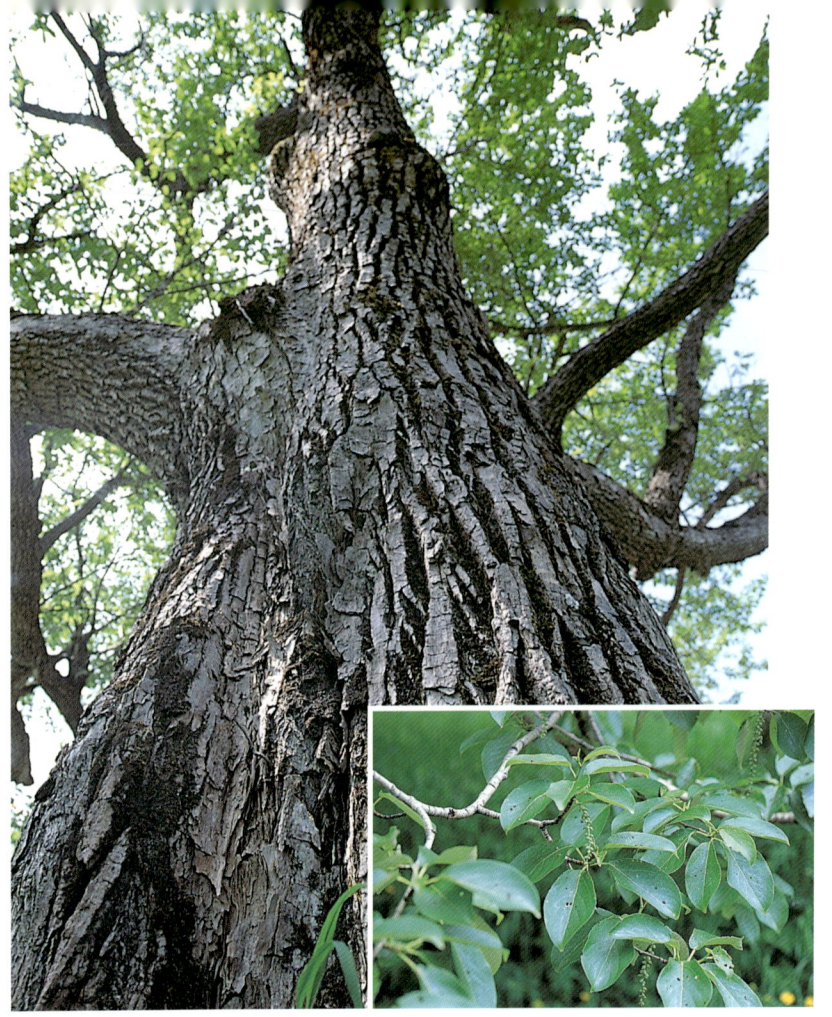

물황철나무
Populus Koreana REHDER

조선양(朝鮮楊)이라 불리기도 하는 버드나무과의 낙엽교목이다. 우리나라 북부 지방의 백두고원지, 평안도 및 압록강 연안에서 자란다. 높이는 25미터 안팎이고, 껍질은 회색인데 오랫동안 밋밋하다가 갈라진다. 동아(冬芽: 겨울눈)는 점질(粘質)이 많고 향기가 난다. 5월에 연한 황색 꽃이 피는데 암꽃과 수꽃이 각각 따로 달린다. 7, 8월에 열매가 익는다.
사진의 물황철나무는 수령이 260년 된 것으로, 간백산 간백분지의 간백밀영 내에서 보호를 받고 있는 보호수이다.

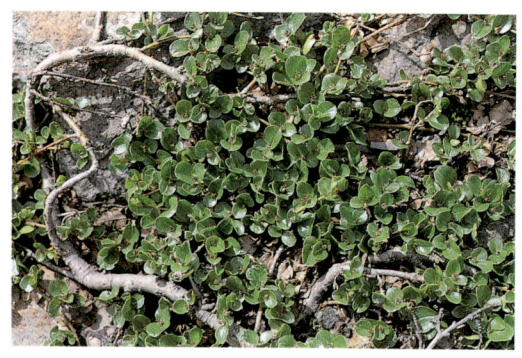

콩버들
Salix rotundifolia TRAUTV.

원엽류(圓葉柳), 두류(豆柳)라 불리기도 하는 버드나무과의 낙엽소관목이다. 우리나라 북부 지방의 백두산 정상 부근 및 천지 호반 부근에서 자란다. 길이는 150센티미터 안팎으로, 가지가 지면(地面)으로 퍼지면서 가지에서 뿌리가 내린다. 가지는 많이 갈라지고 털이 없으며, 나뭇잎은 둥글거나 또는 타원형이다.
5, 6월에 새 가지에서 연한 황색 꽃이 피고 6, 7월에 열매가 익는다. 버드나무 중 가장 높은 고원지에서 자라며, 잎이 둥글다고 해서 콩버들이라 하고 현지인들은 땅버들이라 부른다.

매자잎버드나무(매자잎버들)
Salix berberifolia PALL.

소벽엽류(小蘗葉柳)라 불리기도 하는 버드나무과의 낙엽소관목이다. 우리나라 북부 지방의 고산지대, 고원지에서 자라며 길이는 150센티미터 안팎이다. 가지에서 뿌리가 내리기 때문에 땅 위를 기면서 자란다. 마른 잎이 오랫동안 가지에 붙어 있으며 털이 없다. 5, 6월에 연한 황색의 수꽃과 암꽃이 따로 피며 6, 7월에 열매가 익는다.

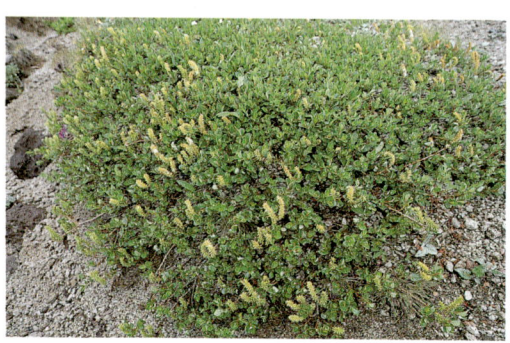

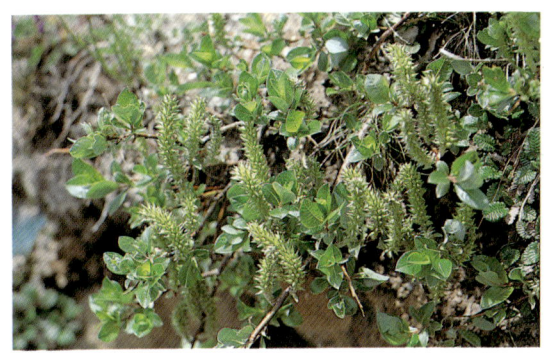

긴잎매자버들
Salix berberifolia var. brayi
TRAUTV.

장엽소벽류(長葉小蘗柳), 긴잎매자잎버들, 긴매자잎버들이라 불리기도 하는 버드나무과의 낙엽소관목이다. 우리나라 북부 지방의 고원지에 매자잎버들과 같이 분포하는데, 잎 모양이 긴 것이 다르다. 5, 6월에 연한 황색 꽃이 피고 6, 7월에 열매가 익는다.

눈산버들
Salix divaricata var. metaformosa KITAG

변태류(變台柳), 다봉류(茶峰柳), 누운산버들이라 불리기도 하는 버드나무과의 낙엽소관목이다. 우리나라 북부 지방의 고산지대 고원지에서 자란다.
길이는 150센티미터 안팎으로 옆으로 누워서 자란다. 가지는 황색인데 처음에는 털이 있으나 점차 없어진다. 5, 6월에 연한 황색 꽃이 피고 6, 7월에 열매가 익는다.

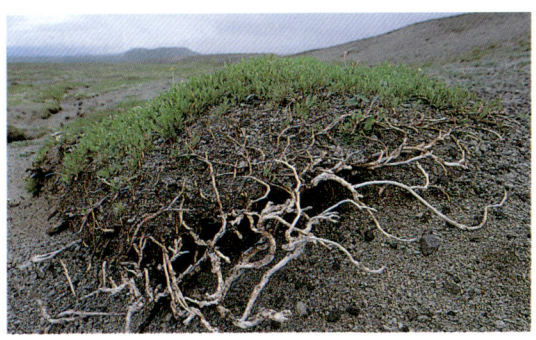

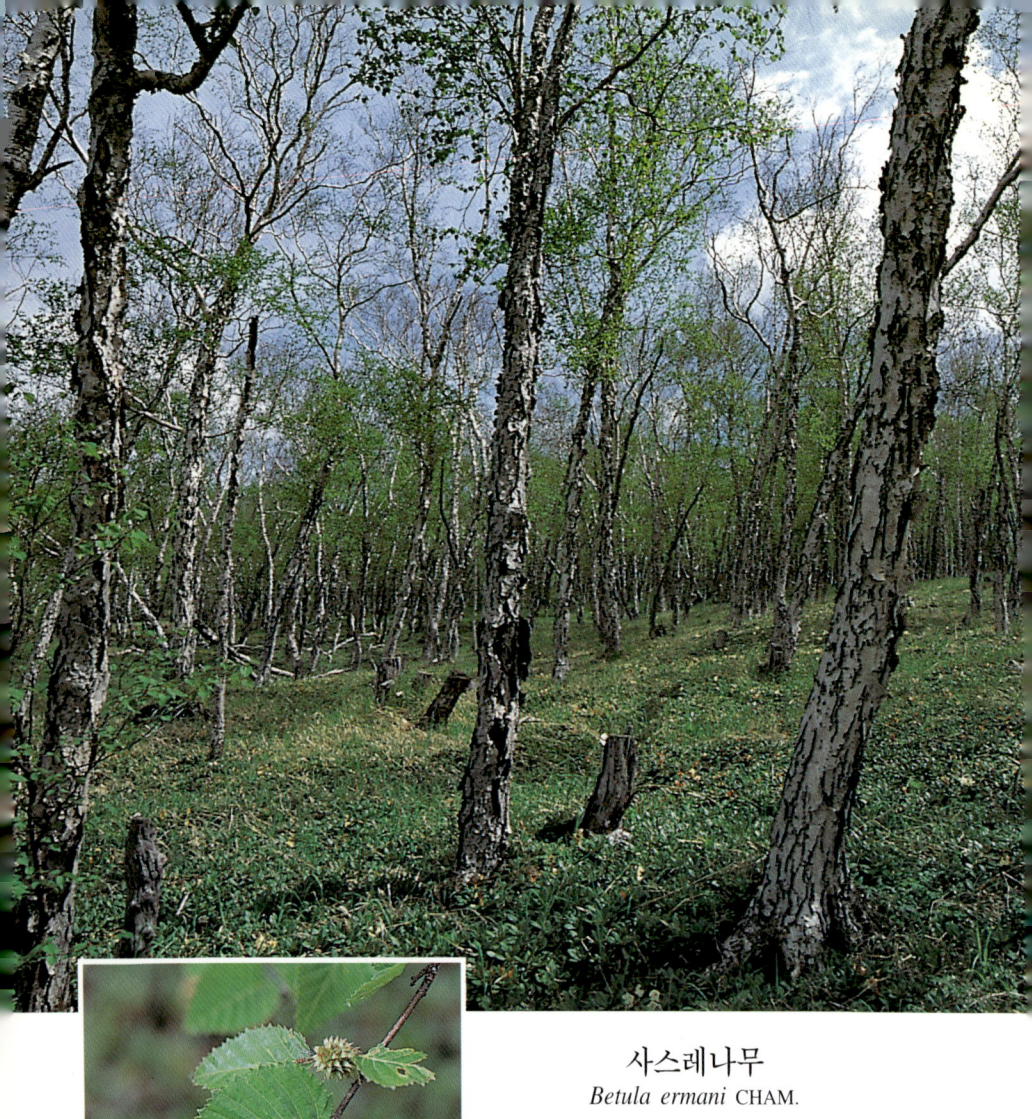

사스레나무
Betula ermani CHAM.

악화(岳樺), 자화수(紫樺樹), 고채목, 사수래나무
라 불리기도 하는 자작나무과의 고산성(高山性) 낙
엽교목이다. 전국 각지의 고산지대에 자라지만 북부
지방에서 더 잘 자란다. 높이는 7, 8미터이고 수피
는 회적갈색, 또는 거의 회백색이며, 종잇장처럼 벗
겨져서 줄기에 오랫동안 붙어 있는다. 4, 5월에 자
주색 꽃이 달리고 9월에 열매가 익는다. 가지, 잎,
꽃차례에 따라 이름이 달라진다.

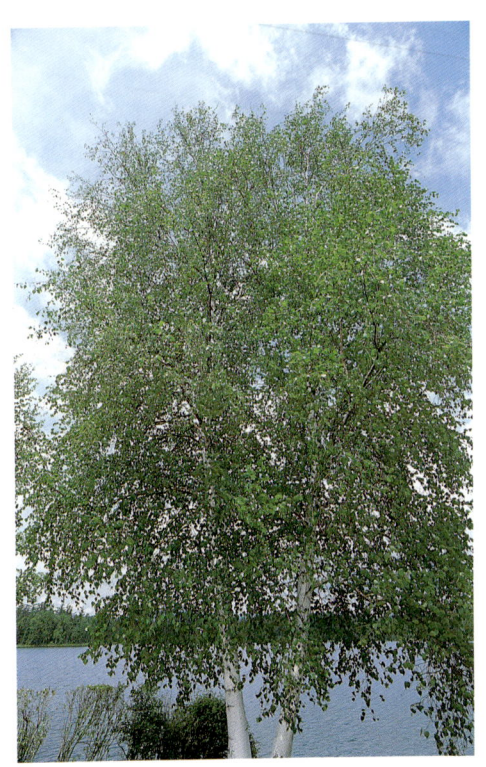

자작나무
Betula platyphylla var. japonica
HARA

백화(白樺), 화(樺), 백단목(白檀木), 붓
나무, 화목이라 불리기도 하는 자작나무
과의 낙엽교목이다. 우리나라 북부 지방
의 심산 지역에서 자라며, 높이는 20미
터 안팎이다.
수피는 백색이며 수평으로 벗겨지고, 작
은 가지는 자갈색(紫褐色)이다. 4, 5월에
자주색 꽃이 달리고 9월에 열매가 익으
며, 날개의 넓이가 열매보다 넓다. 목재
는 농기구를 만드는 데 쓴다.

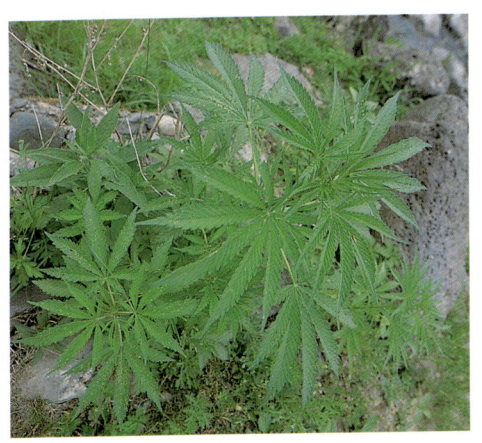

삼
Cannabis sativa L.

대마(大麻), 마(麻), 화마인(火麻仁),
마인(麻仁), 대마인(大麻仁), 역삼 등으
로 불리기도 하는 뽕나무과의 1년생초본
(一年生草本)으로, 마취성(痲醉性)이 있
는 식물이다. 원래 섬유자원(纖維資源)
으로 들여와 재배하던 것이 야생으로 퍼
져 나와 자라고 있다. 높이는 1∼2.5미
터이고 곧게 자라며, 줄기는 둔한 사각
형으로 잔털이 있고 녹색이다. 7, 8월에
연한 녹색 꽃이 피고, 10월에 삭과가 익
는다. 열매는 완화제(緩和劑)로 쓴다.

장군풀(왕대황)

Rheum coreanum NAKAI

조선대황(朝鮮大黃)이라 불리기도 하는 여뀌과의 다년생초본이다. 우리나라 북부 지방 백두산 지역의 고원지에서 자라며, 높이는 2미터 안팎이다. 원줄기는 속이 비어 있으며 밑 부분은 지름 5센티미터 안팎이다. 뿌리는 굵게 비대(肥大)해지고 황색이며, 갈라져서 옆으로 퍼진다. 6~8월에 짙은 적자색(赤紫色) 꽃이 피고, 7~9월에 삭과가 익는다. 특산식물(特産植物)로서 뿌리를 건위제(健胃劑)로 쓴다.

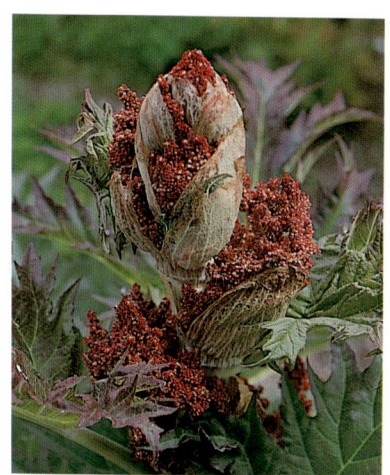
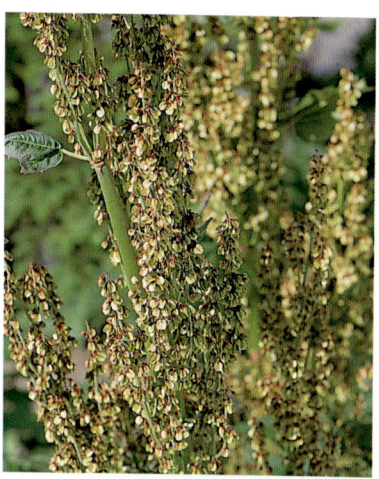
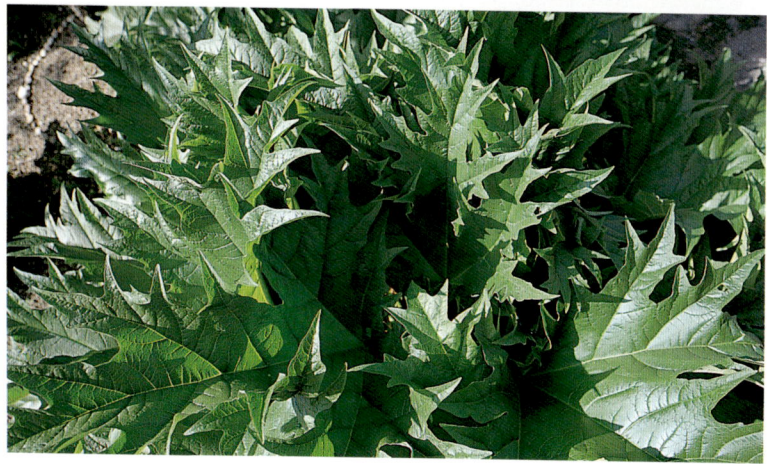

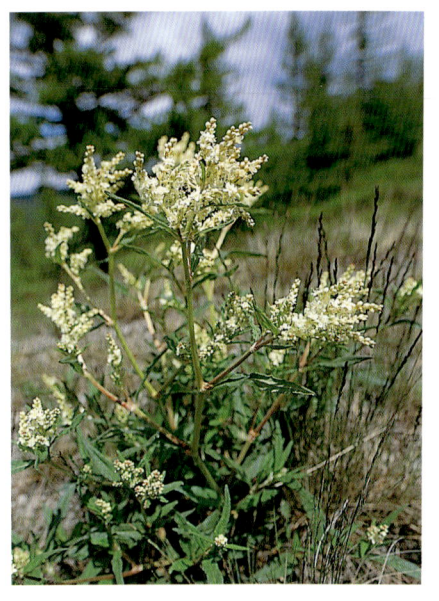

긴개싱아(긴개승아)
Aconogonum ajanense
(REGEL et TILING) HARA

고산료(高山蓼), 애기싱아, 애기개싱아, 신개
싱아라 불리기도 하는 여뀌과의 다년생초본이
다. 우리나라 북부 지방의 고원지, 백두산 지
역의 모래와 자갈로 이루어진 땅에서 자란다.
높이는 10~30센티미터이고, 곧게 자라지만
약간 굽으며 갈라지기도 한다.
6~8월에 연한 녹색 꽃이 피고, 원추화서의
끝이 약간 처진다. 8, 9월에 수과(瘦果: 마른
껍질 속에 1개의 씨가 붙어 있어 전체가 씨앗처
럼 보이는 열매)가 익는다. 왜개싱아보다 잎이
길고 좁으며 잔털이 있다.

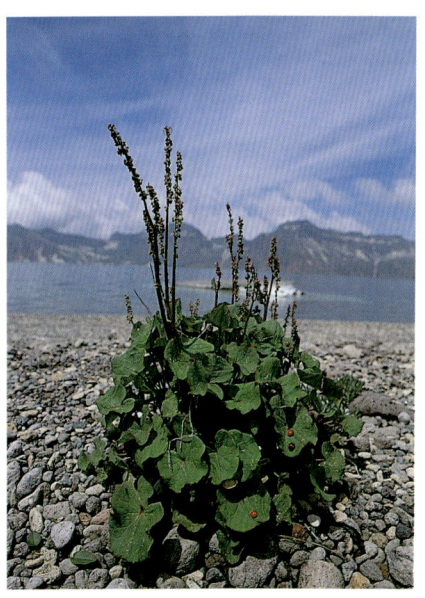

나도수영
Oxyria digyna HILL

신엽산료(腎葉山蓼), 고산료(高山蓼), 큰산싱
아, 둥근잎싱아라 불리기도 하는 여뀌과의 다
년생초본이다. 우리나라 북부 지방, 백두산의
고원지, 보통 습기가 있는 곳이나 천지 주변의
나지(裸地)에서 자란다.
높이는 10~35센티미터이고 털이 없고 뿌리가
굵다. 뿌리에서 심장 모양의 잎이 여러 개 나
오며, 6~8월에 녹색 또는 약간의 적색 기가
도는 꽃이 핀다. 8, 9월에 열매가 익는데 열매
는 납작하고 날개가 있으며, 둥글고 끝이 오목
하다.

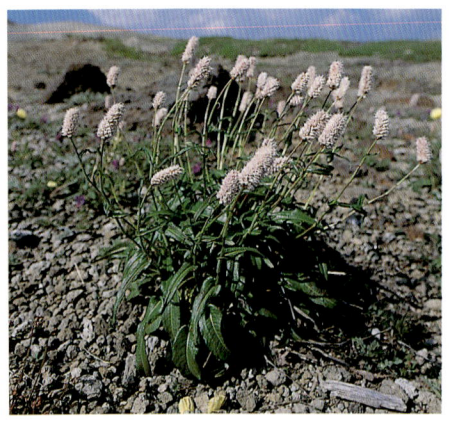

호범꼬리
Bistorta ochotensis KOM.

도근료(倒根蓼), 되범꼬리라 불리기도 하는 여뀌과의 다년생초본이다. 우리나라 북부 지방의 백두고원, 고원지 산 정상 부근에서 자란다. 높이는 100센티미터 안팎이고 뿌리 가 굵으며, 뿌리에서 나온 잎은 잎자루가 길고 혁질(革質)이다.
6~8월에 연한 홍색 꽃이 핀다. 8, 9월에 수과가 익는데 삼각형이고 화피(花皮)에 싸 여 있다.

나도개미자리
Minuartia arctica ASCHERS. et GRAEBN.

극지칠고(極地漆姑), 두메개미자리라 불리기도 하는 석죽과의 다년생초본이다. 우리나라 북부 지 방, 낭림산 이북의 고원지 돌밭에서 자란다. 높이는 5센티미터 안팎이다. 밑에서는 약간 누워서 자 라며, 가지가 많이 갈라지기 때문에 모여서 자라는 것처럼 보인다.
6~8월에 백색 꽃이 피고 8, 9월에 삭과가 익는다. 길이가 1밀리미터 정도인 종자는 가장자리에 잔 돌기를 갖고 있다.

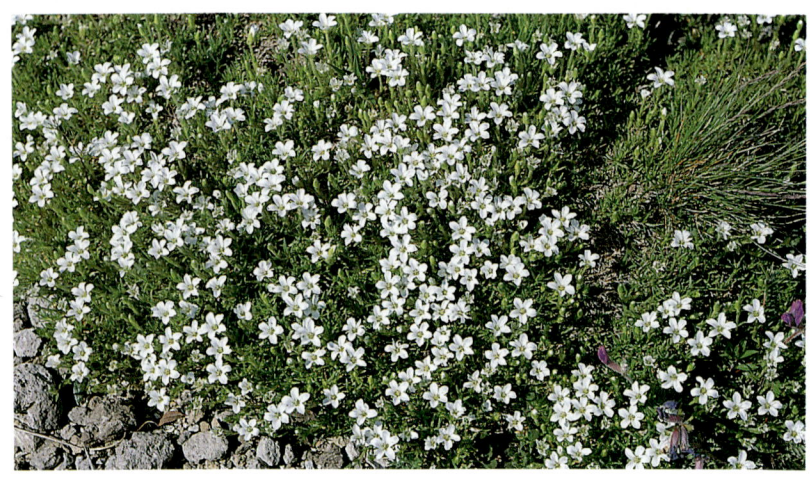

산미나리아재비

Ranunculus acris var. nipponicus HARA

사특유모간(斯特維毛茛)이라 불리기도 하는 미나리아재비과의 다년생초본이다. 우리나라 북부 지방의 고산지대, 고원지의 습지에서 잘 자란다.

높이는 50센티미터 안팎이고 전체에 털이 없으며, 줄기의 잎이 가늘게 선형(線形: 잎이 길고 좁으며 양측이 거의 평행을 이룬 형태)으로 갈라진다. 6, 7월에 황색 꽃이 피고 8, 9월에 열매가 익는다.

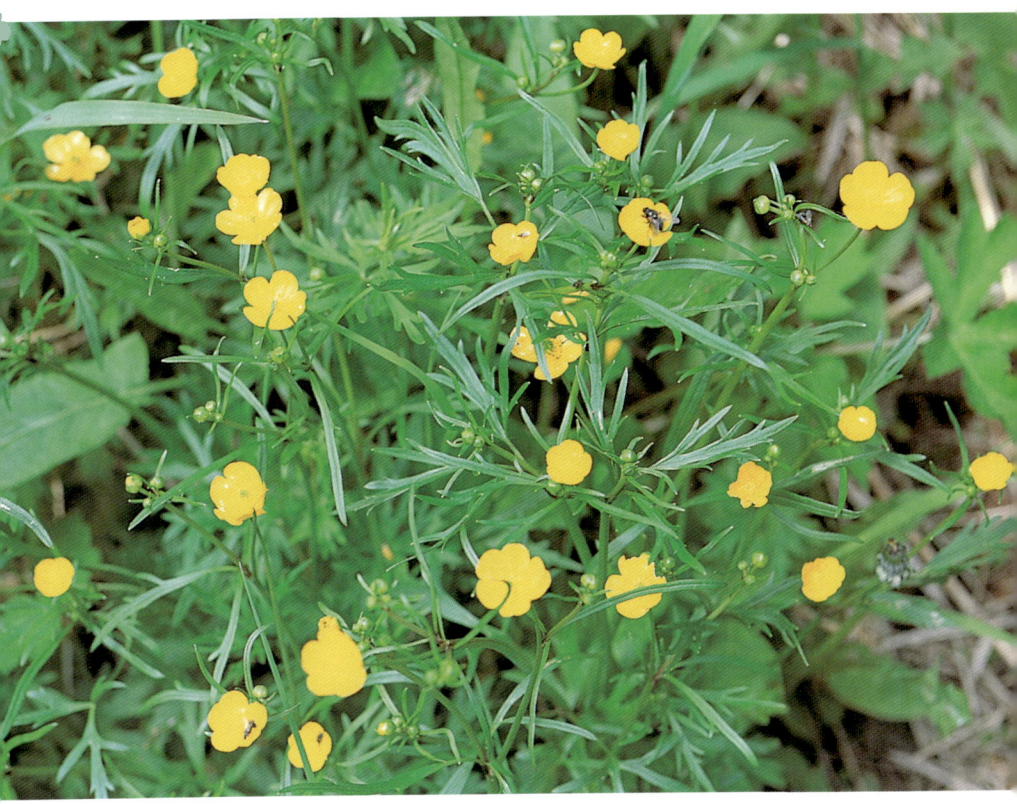

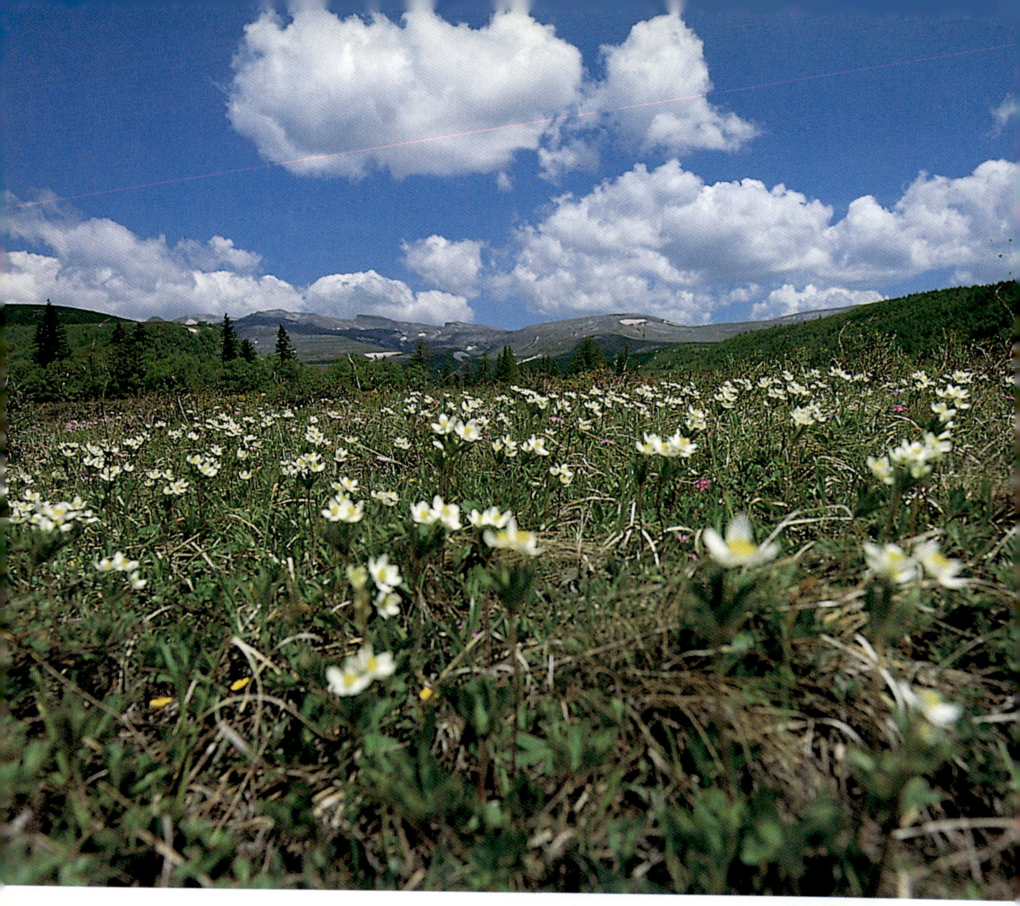

조선바람꽃

Anemone chosenicola OHWI

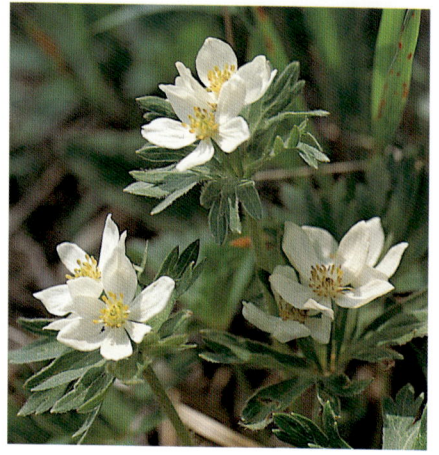

조선은연화(朝鮮銀蓮花)라 불리기도 하는 미나리아재비과의 다년생초본이다. 우리나라 중부 지방과 북부 지방의 고산지대, 고원지 나무숲 주변의 초원에서 자란다. 북부 고원지에는 압록강 상류의 국경지대, 선오산 및 대연지봉, 간백산 분지에 집중적으로 분포한다.

높이는 10~55센티미터이고 처음에는 털이 있으나 자라면서 없어진다. 6, 7월에 백색 꽃이 피고 7, 8월에 열매가 익는다.

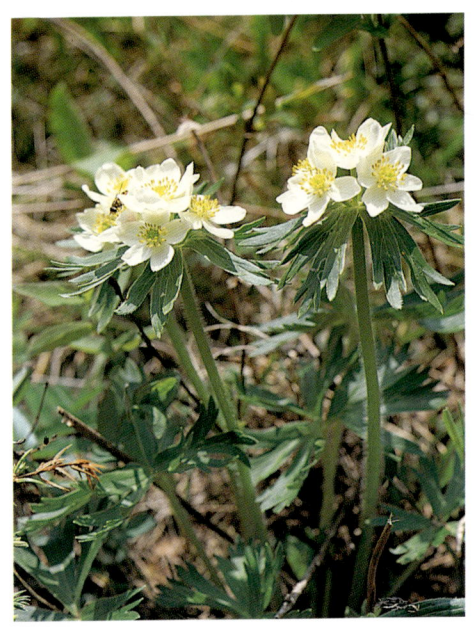

바람꽃
Aneomone marcissiflora L.

은연화(銀蓮花)라 불리기도 하는 미나리
아재비과의 다년생초본이다. 우리나라 중
부 지방과 북부 지방, 강원도에서는 설악
산 이북 고산지대의 습기 있는 초원에서
자란다.
높이는 20~40센티미터이고 전체에 긴 털
이 있다. 6~8월에 백색 꽃이 피는데 한
군데에서 5, 6개가 산형(傘形)으로 핀다.
7~9월에 수과가 익으며 수과에는 약간
두꺼운 날개가 있다.

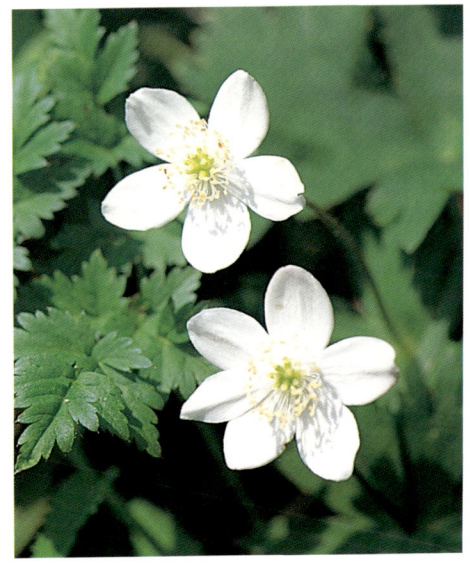

바이칼바람꽃
Anemone glabrata(MAX.) JUZEPC.

광과은연화(光果銀蓮花), 고산추목단(高山
秋牧丹), 은빛바람꽃이라 불리기도 하는 미
나리아재비과의 다년생초본이다. 우리나라
북부 지방의 국경지대에서 만주를 거쳐 북
부 지방 바이칼호까지 분포해 있으며, 고원
지의 습지 주변 초원에서 자란다.
높이는 10센티미터 안팎이고 백색의 퍼진
털이 있다.
6월에 백색 꽃이 피고 7월에 수과가 익는
다. 압록강 상류의 국경지대 냇가에 많이
나고 국경바람꽃이라고도 부른다.

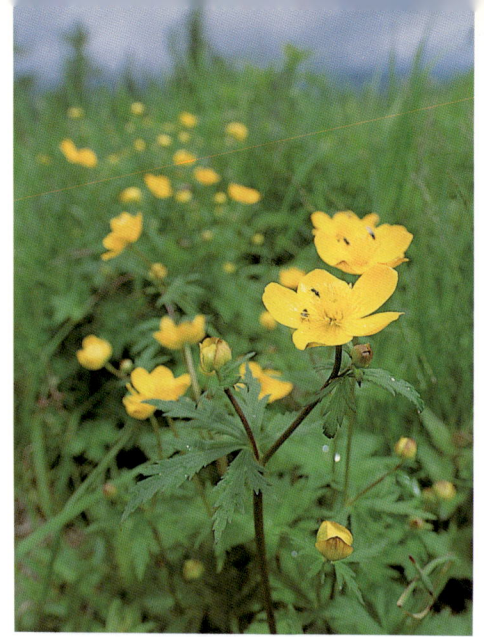

금매화
Trollius hondoensis NAKAI

본주금연화(本州金蓮花)라 불리기도 하는 미나리아재비과의 다년생초본이다. 우리나라 북부 지방인 평안북도 함경도의 깊은 산골짜기 냇가에서 많이 자란다. 높이는 40~80센티미터 정도이다. 뿌리에서 나온 잎과 줄기의 잎은 잎자루가 짧으며 원심형이지만, 위로 올라갈수록 잎자루가 더 짧아진다. 6~8월에 황색 꽃이 피고 8, 9월에 골돌이 익는데, 골돌에 접착성이 있다.

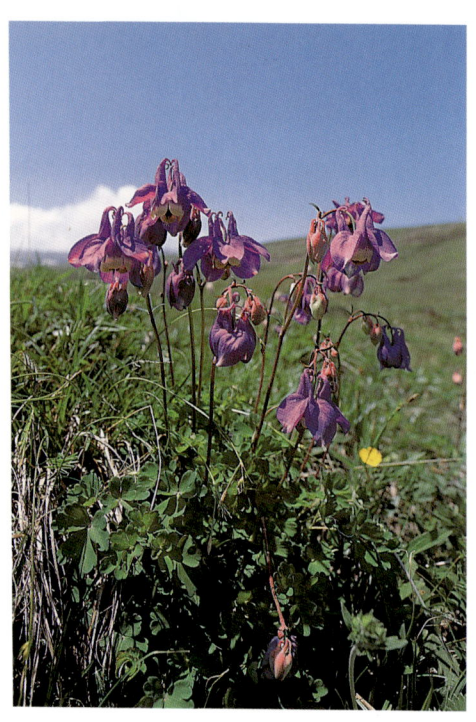

하늘매발톱
Aquilegia flabellata var. pumila
KUDO

장백루두채(長白樓斗菜), 일본루두채(日本樓斗菜), 산매발톱꽃이라 불리기도 하는 미나리아재비과의 다년생초본이다. 우리나라 북부 지방의 낭림산 이북 고원지, 백두산 기슭에서 많이 자란다.
높이는 30센티미터 안팎인데 대체로 털이 없다. 6~8월에 청자색(靑紫色) 꽃이 피는데 밝은 하늘색이 돌며 줄기 끝에 1~3개씩 달려서 핀다. 거(距: 꽃잎 뒷면에 있는, 닭의 며느리발톱처럼 생긴 것)가 가늘어져 안쪽으로 굽는다. 8, 9월에 골돌(蓇葖: 익으면 껍질이 벌어지고 속은 갈라진 여러 개의 씨방으로 된 열매)이 익으며 5개씩 달린다.

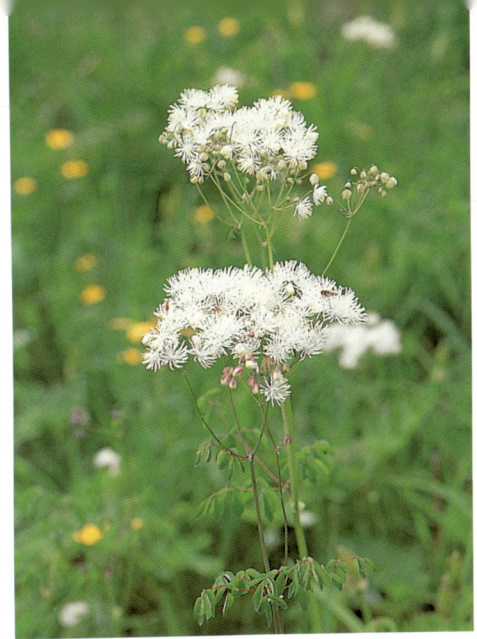

바이칼꿩의다리
Thalictrum baicalense TURCZ.

구과당송초(球果唐松草), 북꿩의다리,
바이깔꿩의다리라 불리기도 하는 미나리
아재비과의 다년생초본이다. 우리나라
북부 지역 백두고원의 숲속이나 초원지
에서 자란다.
높이는 50~100센티미터이며, 전체에 털
이 없고 줄기에 둔한 줄이 있다. 6, 7월
에 백색 꽃이 피고 8, 9월에 수과가 익으
며, 수과에 8개의 맥(脈)이 있다. 백두고
원에서는 어린 순을 나물로 먹는다.

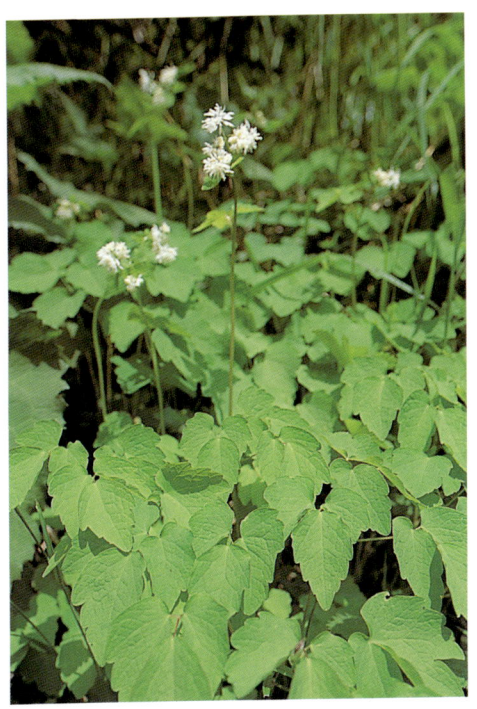

산꿩의다리
Thalictrum filamentosum MAX.

심산당송초(深山唐松草)라 불리기도 하
는 미나리아재비과의 다년생초본이다. 전
국 각지의 깊은 산 숲속에서 잘 자란다.
높이는 50센티미터 안팎이고 자라면서
뿌리가 굵어진다. 잎은 3개씩 2, 3회 갈
라져 삼지구엽초같이 된다.
6~8월에 백색 꽃이 피고 7~9월에 수과
가 익는다. 때로는 삼지구엽초(三枝九葉
草: 음양곽) 대용으로 쓰기도 하지만, 모
양이 비슷할 뿐 삼지구엽초와는 전혀 다
른 식물이다.

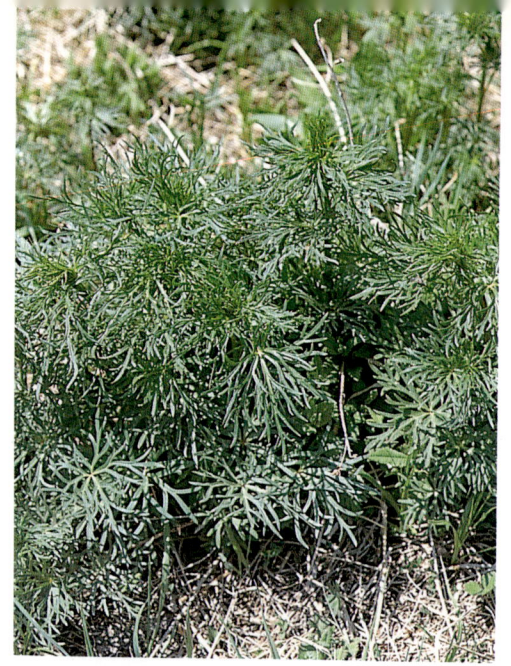

가는돌쩌귀
Aconitum macrorhynchum
TURCZ.

백모오두(白毛烏頭), 가는돌쩌기라 불리기도 하는 미나리아재비과의 다년생초본으로 유독성 식물이다. 우리나라 북부 지방의 깊은 산 숲속에서 자란다.

높이는 100센티미터 안팎으로 윗부분에서 갈라진다. 8, 9월에 청자색 꽃이 피고, 작은 꽃자루에 황갈색의 꼬부라진 털이 빽빽하게 난다. 9, 10월에 골돌이 익는다.

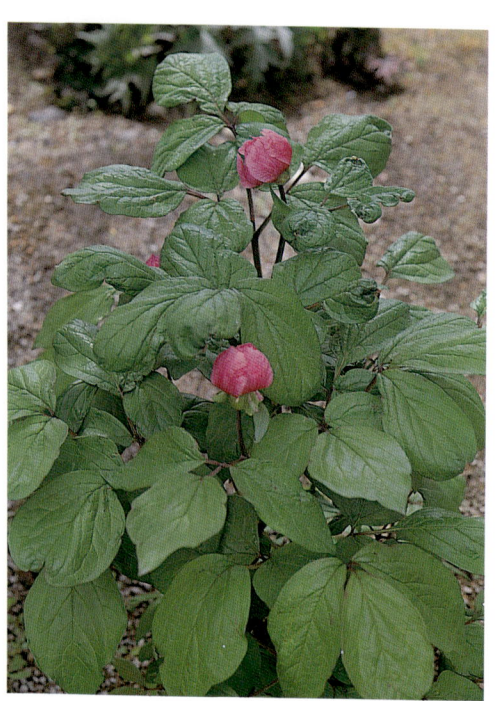

민산작약
Paeonia japonica var. glabra
MAKINO

무모난엽작약(無毛卵葉芍藥), 광판작약(光瓣芍藥), 산작약이라 불리기도 하는 미나리아재비과의 다년생초본이다. 우리나라 북부 지방의 깊은 산 숲속에서 자란다.

높이는 40~50센티미터이고 잎은 난형(卵形)이며 잎 뒷면에 털이 없다. 6, 7월에 홍색 꽃이 피고 7, 8월에 골돌이 익는다. 뿌리는 산작약, 백작약과 같이 부인병(婦人病)의 약으로 쓴다.

두메양귀비

Papaver radicatum var. pseudoradicatum(KITAG)
KITAG.

조선앵속(朝鮮罌粟). 두메아편꽃이
라 불리기도 하는 양귀비과의 2년
생초본이다. 우리나라 북부 지방의
고산지대와 해발 1,900미터 이상의
백두산 산기슭에서 자란다.
높이는 5~10센티미터이고 전체에
퍼진 털이 있다. 뿌리가 땅 속으로
약 30센티미터 곧게 들어가고, 지
름 1센티미터 정도의 직근(直根)이
있다. 6~8월에 녹황색 꽃이 피고
7, 8월에 열매가 익는다.

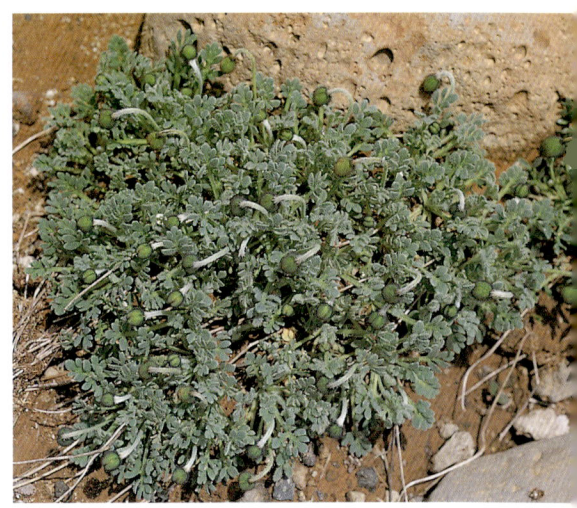

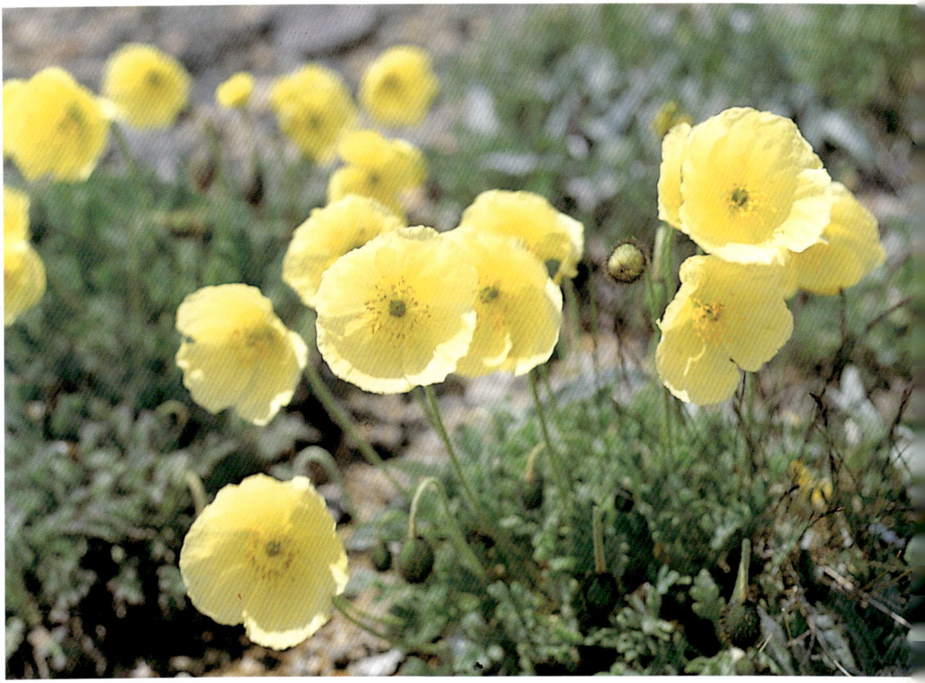

흰두메양귀비

Papaver radicatum var. pseudoradicatum(KITAG) KITAG.
var. albiflorum Y. LEE

두메양귀비라 불리기도 하는 양귀비과의 2년생초본이다. 우리나라 북부 지방 백두산 고원지에서 자란다. 높이는 5~10센티미터이고 전체에 퍼진 털이 있다.
6~8월에 백색 바탕에 가운데 황색이 도는 꽃이 피며 7, 8월에 열매가 익는다. 두메양귀비와 같지만 꽃이 흰색을 띤다는 점이 다르다.

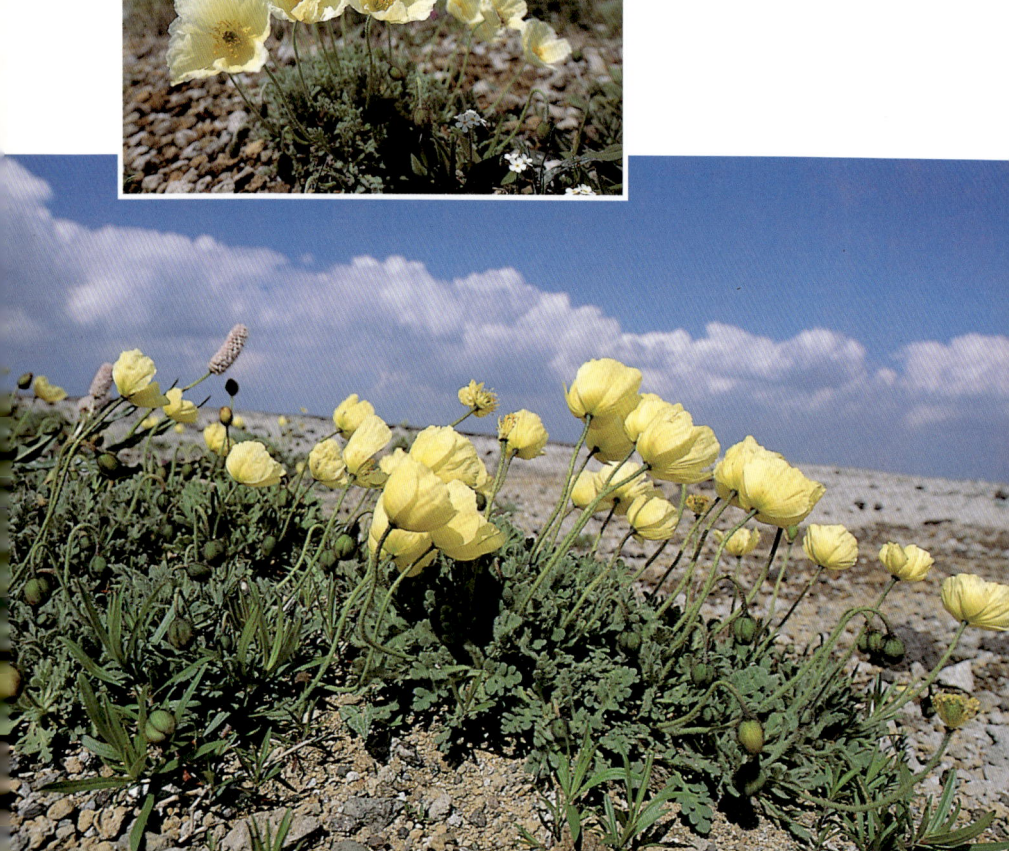

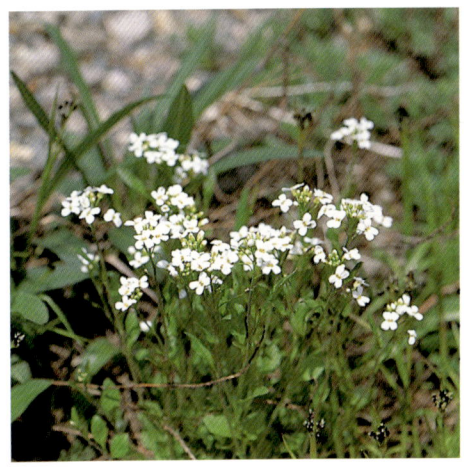

애기냉이
Cardamine bellidifolia L.

족쇄미제(簇碎米薺), 구슬냉이, 구
슬황새냉이라 불리기도 하는 십자화
과의 다년생초본이다. 우리나라 북
부 지방의 고산지대인 백두산 지역
에서도 특히 해발 2,220~2,500미터
지역인 천지 호반 부근에서 많이 자
란다.
높이는 5센티미터 안팎이다. 뿌리는
직근이 길게 발달하여 선단에서 많
은 잎이 모여 나며, 하나의 포기를
형성한다. 6~8월에 백색 꽃이 피고
8월에 열매가 익는다.

두메냉이
Cardamine resedifolia var. morii NAKAI

천지쇄미제(天池碎米薺), 두메황새냉이라 불리기도 하는 십자화과의 다년생초본이다. 우리나라 북
부 지방의 고산지대인 백두산 천지 호반 근처와 산 정상 부근에서 자란다.
높이는 6~8센티미터이고 밑 부분에서 잎이 모여 난다. 6~8월에 백색 꽃이 피고 7, 8월에 각과(角
果: 쇠뿔 모양의 열매)가 익는다. 뿌리가 굵으며 땅 속 깊이 들어가는 것이 특징이다.

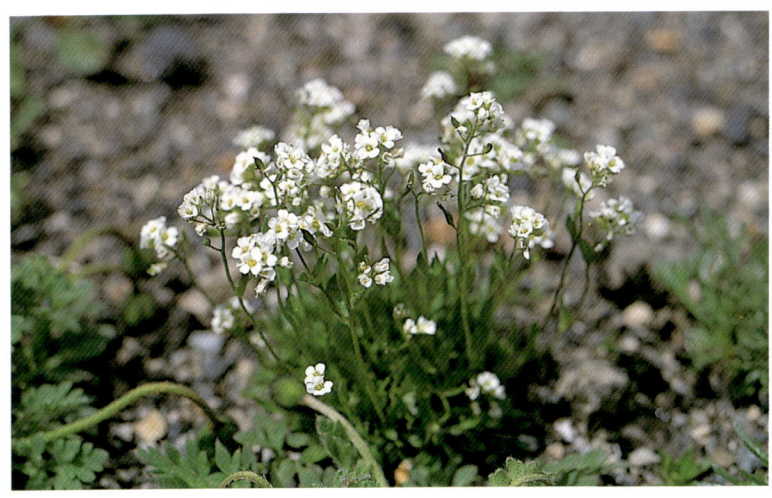

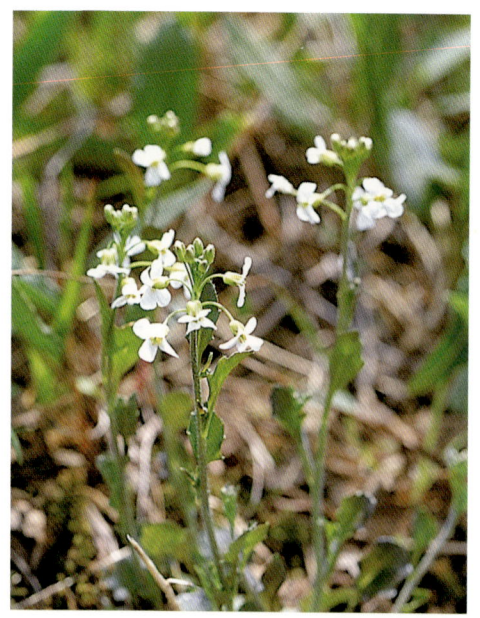

자주장대나물
Arabis Coranata NAKAI

남개채(南芥菜), 장대, 장대나물이라 불
리기도 하는 십자화과의 2년생초본이다.
우리나라 북부 지방인 백두산 산기슭의
잎갈나무숲에서 많이 자란다. 백두고원,
부전고원까지 분포하는데, 높이는 15~
30센티미터로 옆으로 기거나 비스듬히
서서 자란다. 6, 7월에 백색 바탕에 연한
붉은빛이 도는 꽃이 피고 7, 8월에 각과
가 익는다.

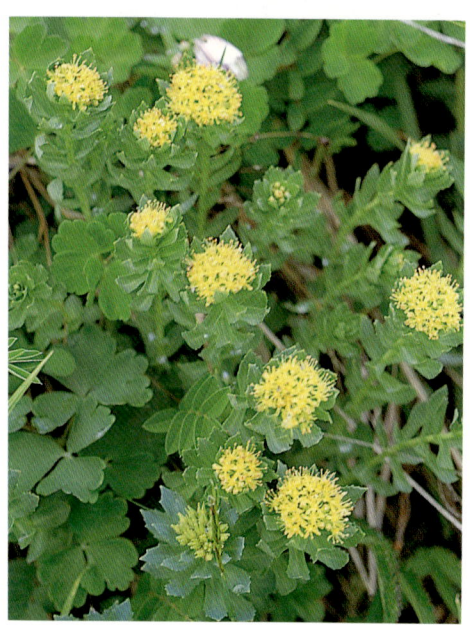

돌꽃
Rhodiola elongata
FISCH. et MEYER

장홍경천(長紅景天)이라 불리기도 하는
돌나물과의 다년생초본이다. 우리나라 북
부 지방인 낭림산 이북의 고산지대 고원
지의 바위 틈이나 초원에서 자란다.
높이는 10센티미터 안팎이며, 밑 부분이
비늘 같은 잎으로 싸여 있다. 6~8월에
붉은빛이 도는 황백색 꽃이 피고 8, 9월
에 골돌이 익는다.

가지돌꽃

Rhodiola ramosa NAKAI

다지홍경천(多枝紅景天), 가는돌꽃이라 불리기도 하는 돌나물과의 다년생초
본이다. 우리나라 북부 지방 고산지대인 왜갈봉, 포태산, 낭림산, 백두고원
의 산 정상 부근에서 자란다.
높이는 5, 6센티미터이고 뿌리가 갈라져서 길게 자란다. 선단이 적갈색 인편
으로 덮여 있다. 6~8월에 황색 꽃이 피고 8, 9월에 골돌이 익는다.

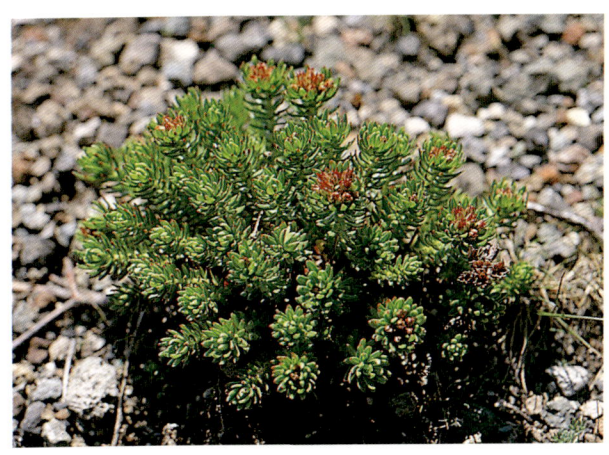

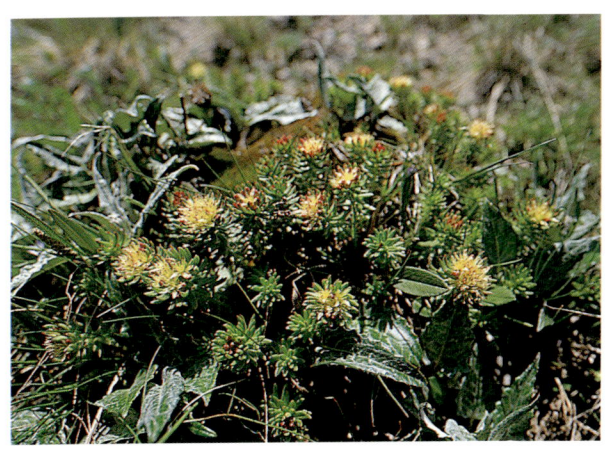

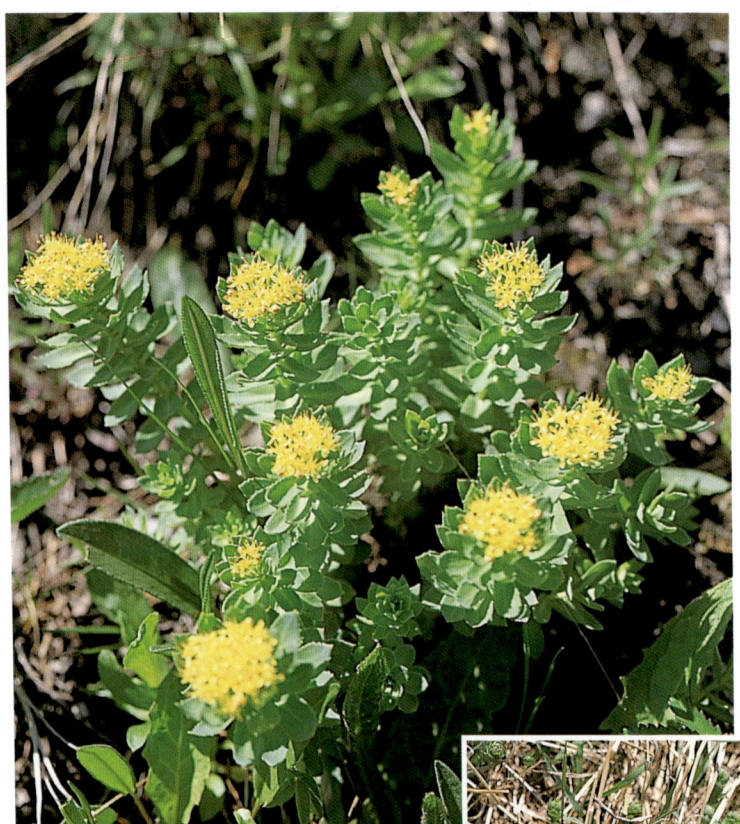

바위돌꽃
Rhodiola rosea L.

협엽홍경천(挾葉紅景天), 각씨바위돌꽃이라 불리기도
하는 돌나물과의 다년생초본이다. 우리나라 북부 지방
의 고산지대 바위 곁에서 자라며, 높이는 7~30센티미
터이다.

전체에 분백색(粉白色)이 돌고 밑 부분은 갈색의 인편
으로 덮여 있다. 6~8월에 연한 황색 꽃이 피고 8, 9
월에 골돌이 익는다.

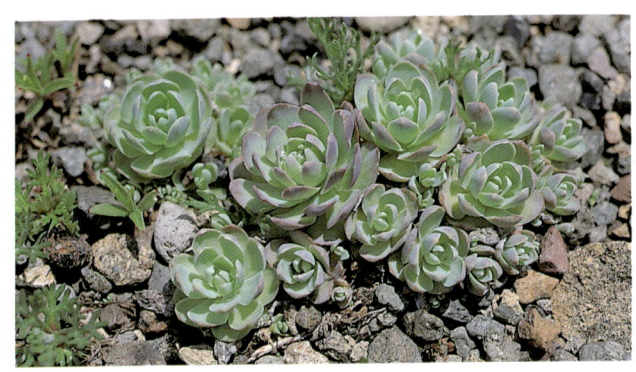

둥근바위솔
Orostachys malacophyllus FISCH.

둔엽와송(鈍葉瓦松), 동근바위솔이라 불리기도 하는 돌나물과의 다년생초본이다. 전국 각지의 바닷가 바위 곁이나 북부 지방의 고산지대, 백두산 정상 또는 천지의 가장자리 모래땅에서 많이 자란다. 높이는 20센티미터 안팎이다. 근경은 짧고 굵으며, 끝에서 잎이 모여 나고 꽃이 피어 열매가 맺히면 곧 죽는다. 8~12월에 백색 꽃이 피고 10월부터 골돌이 익는다.

구름범의귀
Saxifraga laciniata NAKAI et TAKEDA

백두산범의귀라 불리기도 하는 범의귀과의 다년생초본이다. 우리나라 북부 지방인 백두고원의 산꼭대기에서 자란다. 높이는 25센티미터 안팎이고 전체에 선모가 있다.
6~8월에 백색 꽃이 피고 8, 9월에 삭과가 익는다. 옆으로 기는 포복지(匍匐枝)가 있는 것을 백두산바위취라 한다.

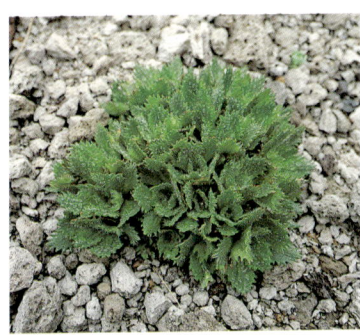
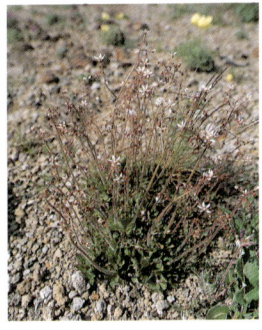

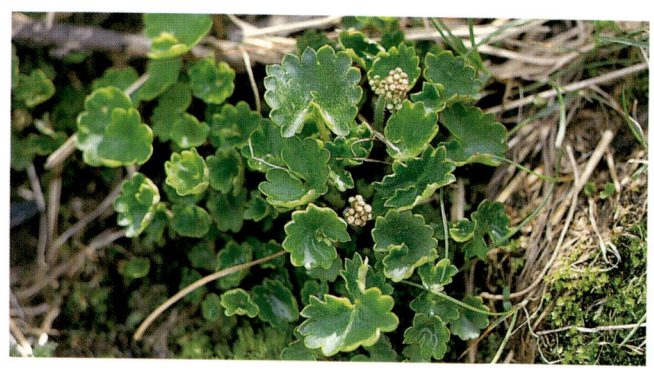

흰바위취
Saxifraga manshuriensis KOM.

동북호이초(東北虎耳草)라 불리기도 하는 범의귀과의 다년생초본이다. 우리나라
북부 지방의 심산 지역, 백두산 천지 등 습지에서 자란다.
높이는 40센티미터 안팎이고 줄기에 꼬불꼬불한 털이 있으며 지하경이 없다. 6, 7
월에 백색 꽃이 피고 8, 9월에 삭과가 익는다.

물참대
Deutzia glabrata KOM.

무모수소(無毛溲疏), 조선매수소(朝鮮梅溲疏), 댕강말발도리라 불리기도 하는 범
의귀과의 낙엽관목이다. 우리나라 중부 지방, 남부 지방, 북부 지방의 깊은 산 숲
속이나 산골짜기 냇가 등지에서 자란다. 높이는 2미터 안팎이다. 어린 가지는 붉
은빛이 돌고 털이 없으며, 늙은 가지는 회색 또는 흑회색으로 껍질이 불규칙하게
벗겨진다. 5, 6월에 백색 꽃이 피고 8, 9월에 삭과가 익는다.

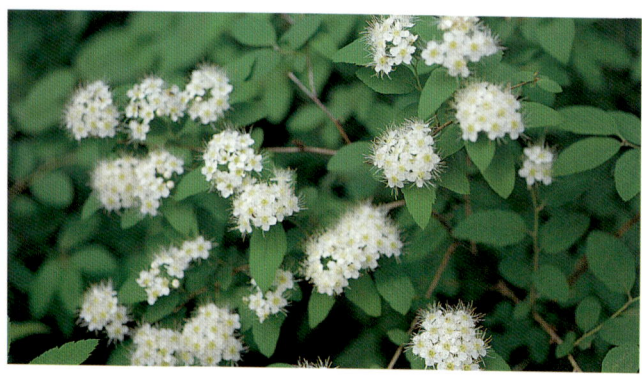

담자리꽃나무

Dryas octopetala var. asiatica NAKAI

선녀목(仙女木), 다판목(多瓣木), 담자리꽃이라 불리기도 하는 장미과의 상록소관목이다. 우리나라 북부 지방의 고산지대, 백두고원 등지에서 자라며 높이는 3~10센티미터이다.
잎은 마치 풀같이 보이며 원줄기는 가지를 치면서 옆으로 벋는다. 6, 7월에 지름 2센티미터 정도의 백색 꽃이 핀다. 7, 8월에 꽃이 핀 자리에서 할미꽃의 씨날개처럼 하얗게 부푼 암술대 끝에 수과가 달린다.

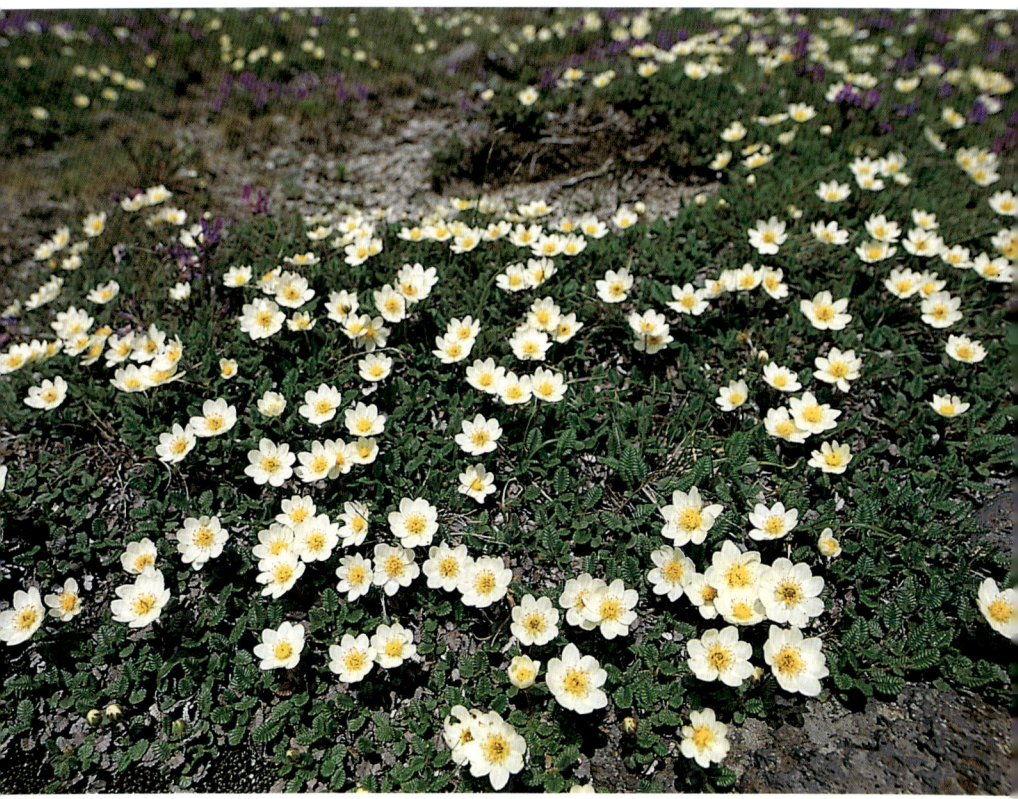

은양지꽃
Potentilla nivea L.

백리금매(百里金梅), 설백위능채(雪白萎陵菜)라 불리기도 하는 장미과의 다년생초본이다. 우리나라 북부 지방의 고산지대, 백두산의 수목한계선 이상의 높은 지대에서 자란다.

높이는 10~20센티미터이고 굵은 뿌리가 땅 속 깊이 들어간다. 녹색의 잎 표면에는 고운 털이 나 있지만, 뒷면과 꽃줄기, 잎자루에는 백색의 면모(綿毛)가 빽빽이 나 있다. 6, 7월에 황색 꽃이 피고 7, 8월에 수과가 익는다.

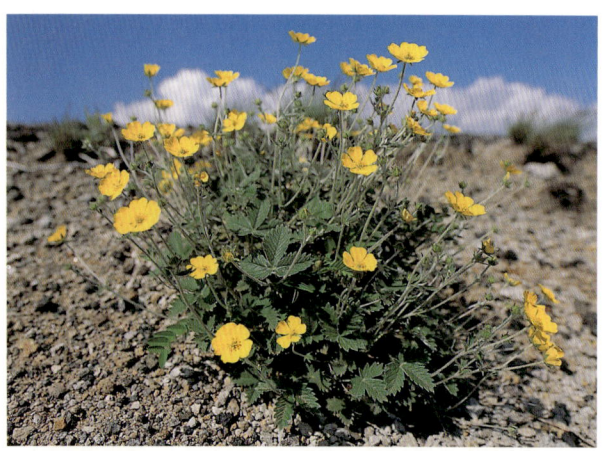

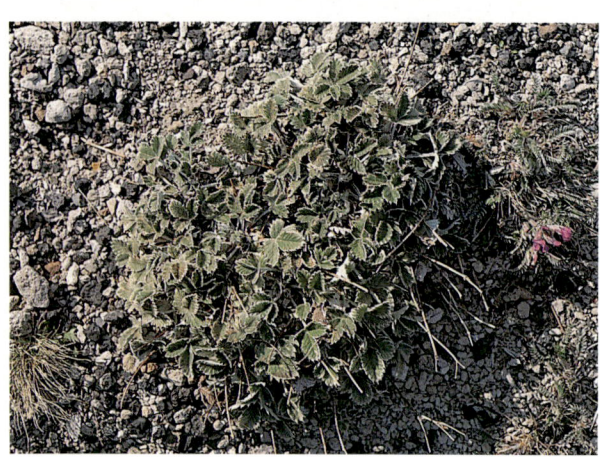

좀양지꽃

Potentilla matsumurae WOLF

고산위능채(高山委陵菜), 두메양지꽃, 긴양지꽃이라 불리기도 하는 장미과의 다년생초본이다. 전국 각지의 고산지대, 고원지 양지 쪽의 약간 습기 있는 풀밭에서 자란다. 높이는 10~20센티미터이고 풀 전체에 털이 있다. 6~8월에 황색 꽃이 피고 7, 8월에 수과가 익는다.

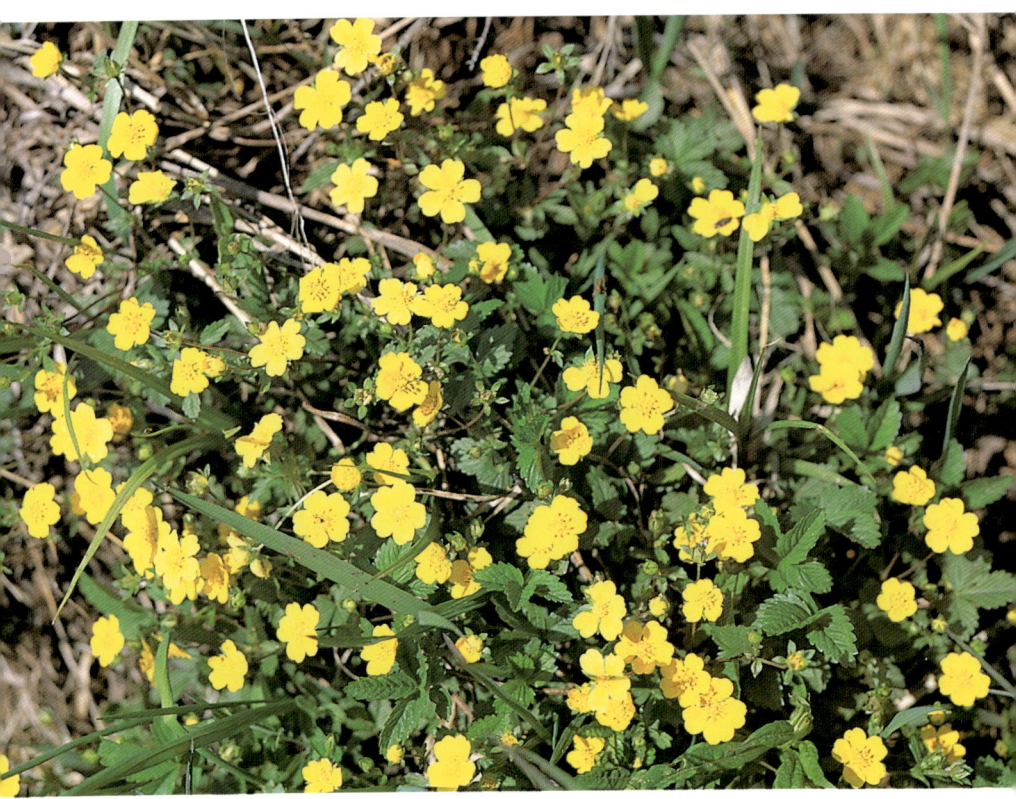

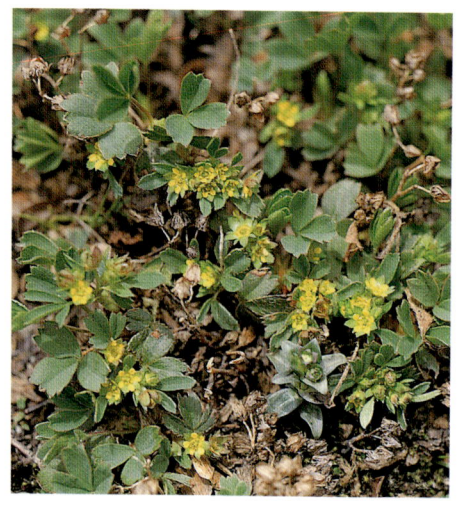

너도양지꽃
Sibbaldia procumbens L.

조선산매초(朝鮮山梅草), 산매초(山梅草), 백두금매화라 불리기도 하는 장미과의 다년생초본이다. 우리나라 제주도의 한라산과 북부 지방의 고산지대, 백두산의 천지 부근에서 자란다. 높이는 8센티미터 안팎이고, 밑 부분이 마른 잎자루로 싸여 있는데 원줄기 끝에 밀집되어 있다. 6~8월에 연한 황색 꽃이 피는데, 꽃잎은 5개이고 길이가 1.5밀리미터, 꽃 지름은 3밀리미터로 꽃이 너무 작기 때문에 찾기가 어렵다. 7, 8월에 수과가 익는다.

물싸리
Potentilla fruticosa L.

금노매(金老梅), 장춘화(長春花), 목본위릉채(木本委陵茱)라 불리기도 하는 장미과의 낙엽관목이다. 우리나라 북부 지방의 고산지대와 고원지, 약간 습기 있는 분지 초원에서 많이 자란다.
높이는 1.5미터 안팎이고 수피는 회갈색이며 세로로 잘게 갈라지고, 어린 가지에 잔털이 있다. 6~8월에 지름 3센티미터의 황색 꽃이 피고 8, 9월에 열매가 익는다.

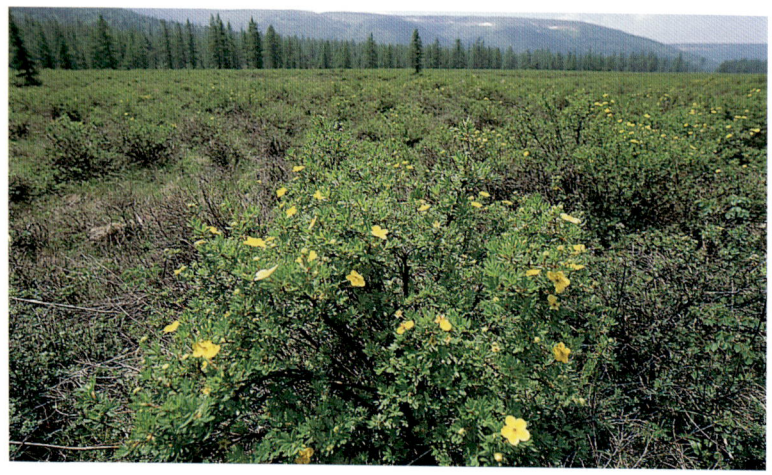

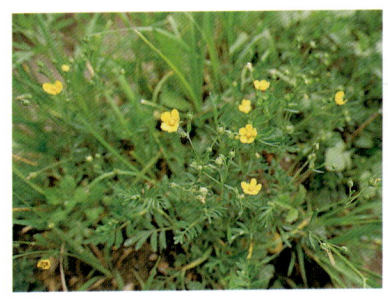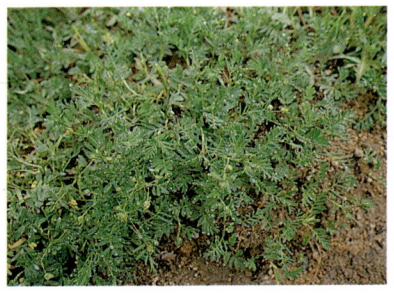

물싸리풀

Potentilla bifurca var. glabrata LEHM

광엽이열엽위능채(光葉二裂葉萎陵菜), 풀매화라 불리기도 하는 장미과의 다년생초본이다. 우리나라 북부 지방의 고산지대 초원에 자라며, 높이는 20센티미터 안팎이다.
옆으로 비스듬히 자라며, 밑 부분에는 털이 별로 없으나 윗부분에는 약간 많이 난다. 6월에 지름 0.5센티미터 정도의 황색 꽃이 핀다. 7월에 수과가 익는데 수과에 긴 털이 빽빽하게 난다.

흰땃딸기

Fragaria nipponica MAKINO

일본초매(日本草苺), 흰따딸기, 흰땅딸기라 불리기도 하는 장미과의 다년생초본이다. 우리나라 북부 지방의 고산지대, 백두고원의 숲 가장자리 등지에서 많이 자란다. 높이는 10~30센티미터이고 전체에 털이 많다. 근경이 짧고 자홍색의 포복지가 자라며 마디에서 뿌리가 내린다. 5~8월에 지름 2센티미터 정도의 백색 꽃이 핀다. 6월부터 익는 열매는 먹을 수 있는데, 지름이 1센티미터 정도이며 겉에 털이 많이 나 있다.

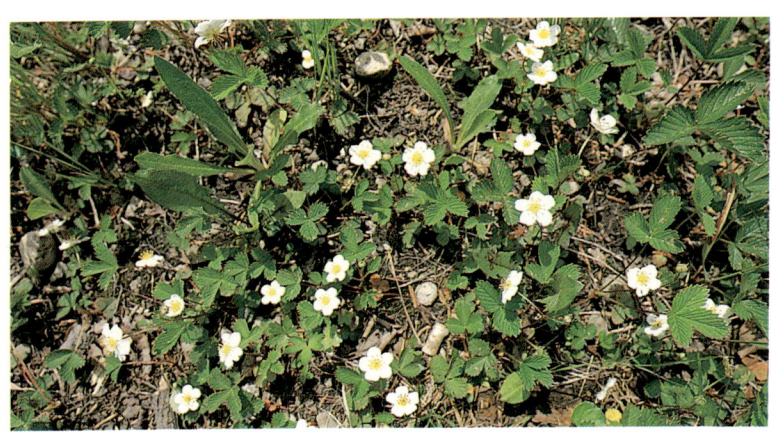

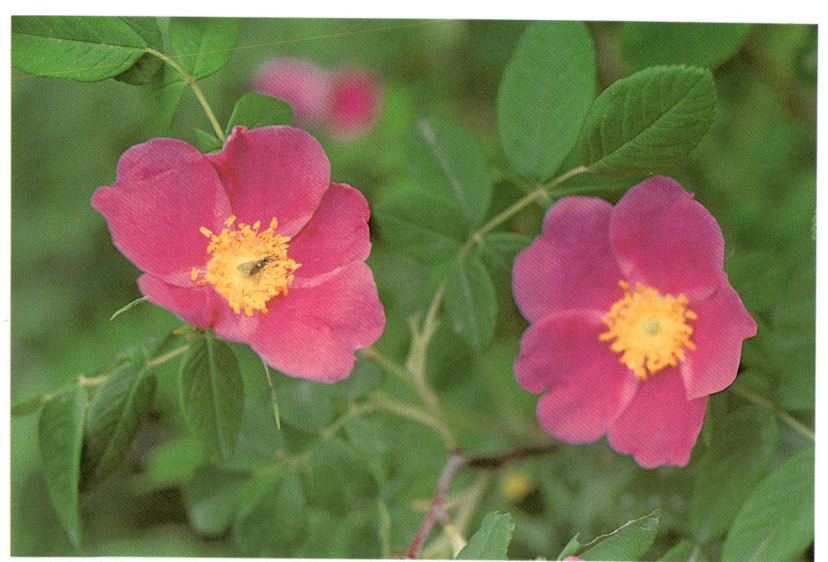

붉은인가목
Rosa marretii LEV.

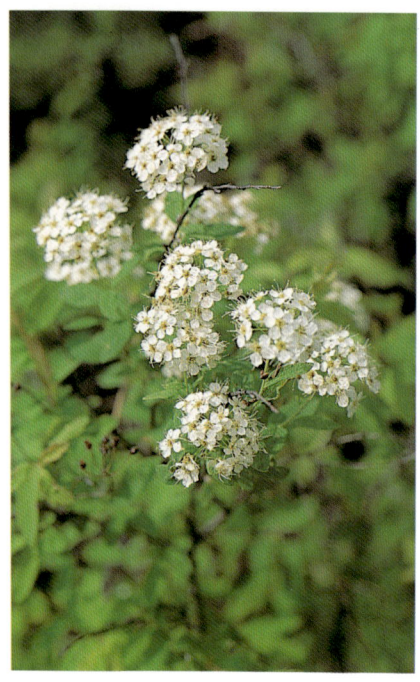

심산장미(深山薔薇), 홍탁엽장미(紅托葉薔薇)
라 불리기도 하는 장미과의 낙엽관목이다. 우리
나라 중부 지방 이북의 고산지대 고원지에서 자
라며, 특히 백두산 고원지에서 많이 자란다. 높
이는 2미터 안팎이고 어린 가지는 자갈색으로
털이 없으며 잎자루 밑동에 1쌍의 가시가 있다.
6~8월에 연한 홍색 꽃이 피며, 9월에 열매가
붉은색으로 익는다. 수과는 타원형이고 길이는
4밀리미터로 끝에 털이 있다.

긴잎산조팝나무
Spiraea media SCHM.

장엽산수국(長葉山綉菊)이라 불리기도 하는 장
미과의 낙엽관목이다. 우리나라 북부 지방 고원
지에서 자라며 백두고원지에서 많이 볼 수 있다.
높이는 150센티미터 안팎이고, 어릴 때는 털이
있으나 자라면서 없어진다. 6월에 백색 꽃이 피
고 8월에 골돌이 익는다. 털이 있고 뒤로 젖혀진
암술대가 끝에서 약간 밑에 달린다.

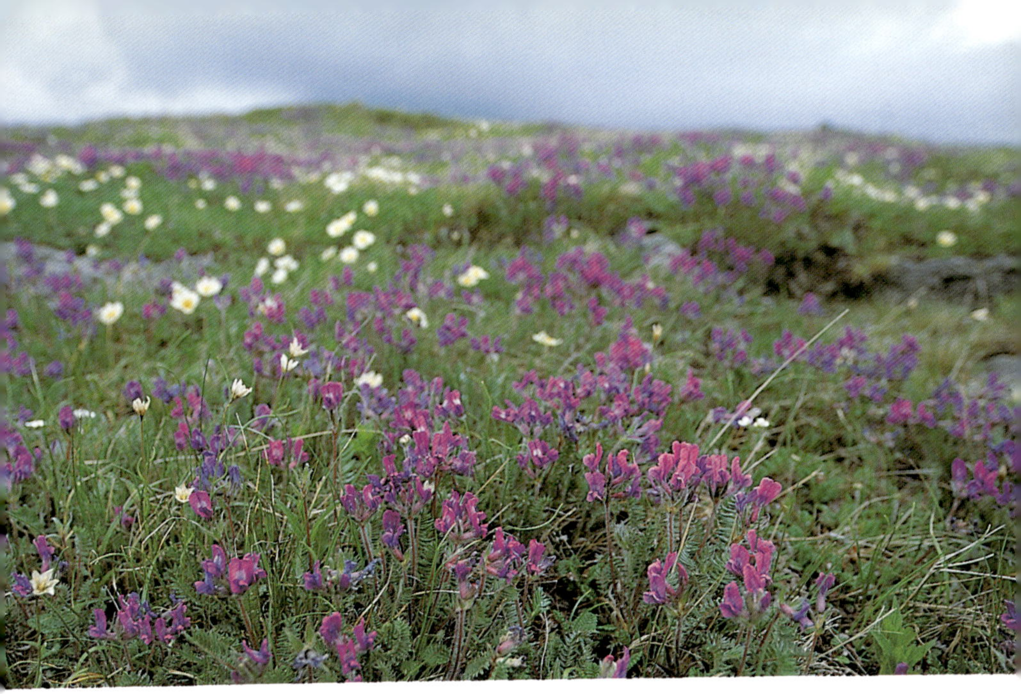

두메자운
Oxytropis anertii NAKAI

장백속두(長白束됴)라 불리기도 하는 콩과의
다년생초본이다. 우리나라 북부 지방인 낭림
산 이북 고산지대의 산 위쪽, 특히 백두산 정
상 부근과 수목한계선 윗부분에서 집중적으
로 많이 자란다.

높이는 12센티미터 안팎이고, 뿌리는 대단히
굵은데 선단에서 여러 대가 모여서 나오며,
전체에 명주실 같은 털이 있다. 6~8월에 홍
자색 꽃이 피고 8, 9월에 열매가 익는다. 열
매 안에 종자가 5개 정도 들어 있다.

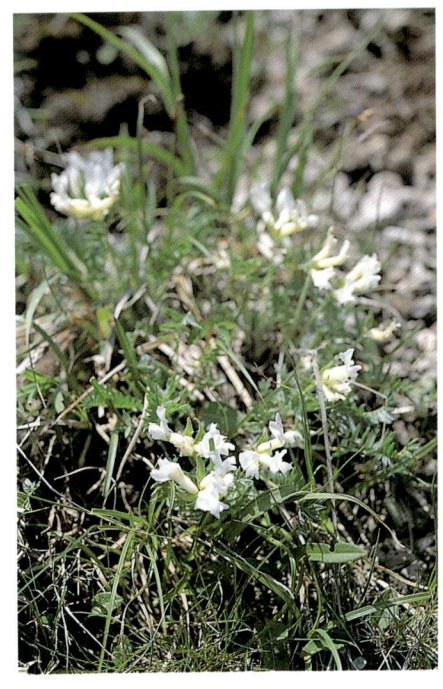

흰두메자운
Oxytropis anertii for. *alba* Y. LEE

백장백속두(白長白束됴)라 불리기도 하는 콩
과의 다년생초본이다. 북부 지방의 백두고
원에서 두메자운과 같이 자란다. 다만 꽃이
백색으로 피는 것이 다르다.

개황기

Astragalus uliginosus L.

습지황기(濕地黃芪)라 불리기도 하는 콩과의 다년생초본이다. 우리나라 북부 지방의 고산지대, 백두산 고원에서 자란다. 높이는 100센티미터 안팎이고, 전체에 위로 쓰러진 털이 있다. 6~8월에 황백색 꽃이 피고 8, 9월에 꼬투리가 익는데 여기에는 털이 있다. 북한에서는 황기와 같은 용도로 민간 약에 쓴다.

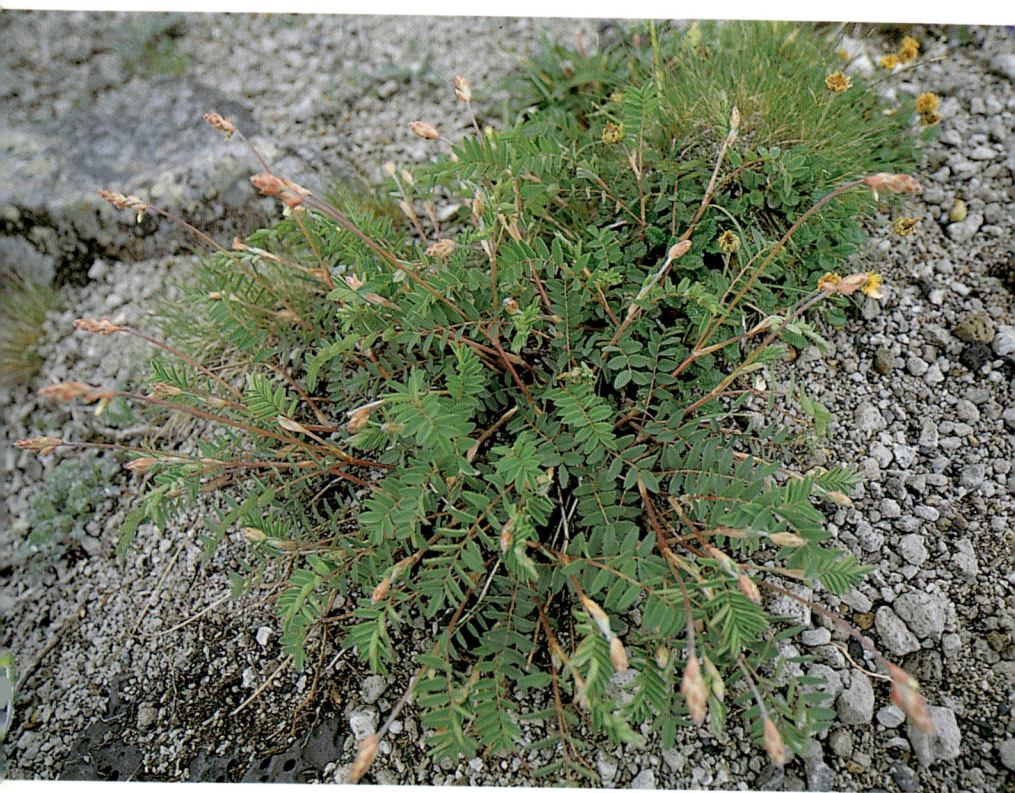

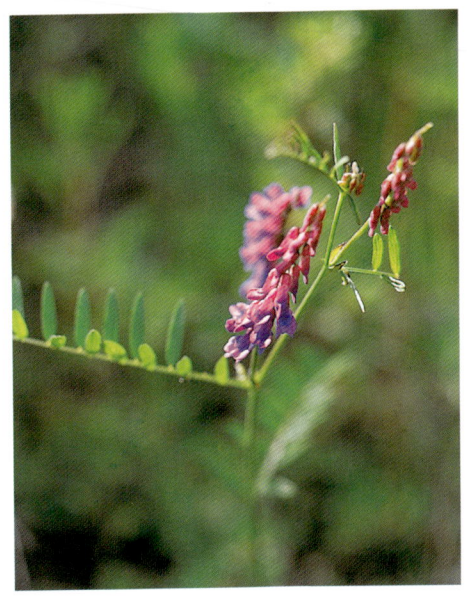

긴잎나비나물
Vicia unijuga var. angustifolia
NAKAI

착엽외두채(窄葉歪頭菜)라 불리기도 하는 콩과의 다년생초본이다. 우리나라 전국 각지의 깊은 산이나 높은 지대의 초원에서 자란다.
높이는 100센티미터 안팎이고, 줄기에 능각(稜角)이 있고 마디 윗부분에 누운 털이 약간 있다. 6~8월에 홍자색 꽃이 피고 8, 9월에 열매가 익는데 나비나물보다 훨씬 좁고 길다.

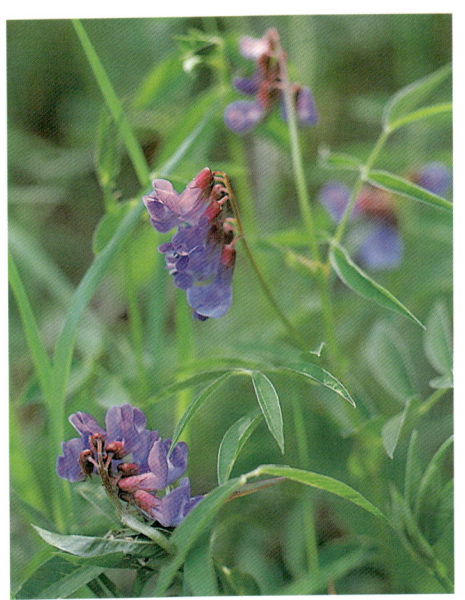

가는등갈퀴
Vicia tenuifolia ROTH

세엽야완두(細葉野豌豆), 가는등갈키라 불리기도 하는 콩과의 덩굴성 다년생초본이다. 전국 각지의 초원에서 자라며 길이는 150센티미터 안팎이다. 줄기에 능선(稜線)이 있다.
6~8월에 남갈색 꽃이 핀다. 8, 9월에 열매가 익는데, 꼬투리는 편평한 긴 타원형이며 털이 없다. 열매의 길이는 2.5센티미터로 종자가 보통 5개씩 들어 있다.

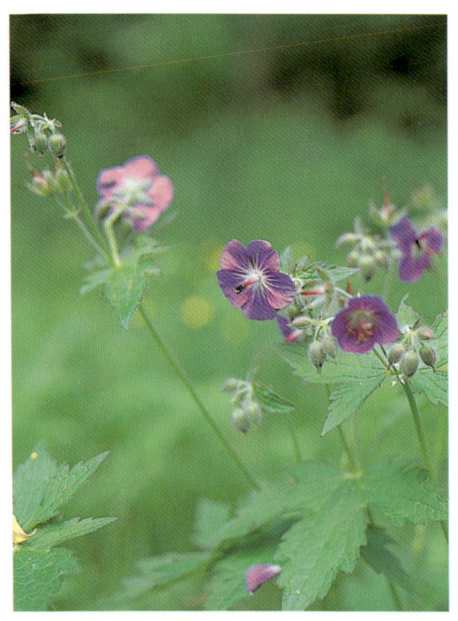

털쥐손이
Geranium eriostemon FISCHER

모예노관초(毛蕊老鸛草), 일과침(一棵針), 꽃쥐손이라 불리기도 하는 쥐손이풀과의 다년생초본이다. 우리나라 각지의 고산지대 고원지의 초원에서 자라며, 높이는 30∼50 센티미터이다.
전체에 퍼진 역모(逆毛)가 빽빽이 나 있고 세로로 홈이 있다. 5, 6월에 홍자색 꽃이 피고 7, 8월에 열매가 익는다. 풀 전체를 지사제(止瀉劑) 등으로 쓴다.

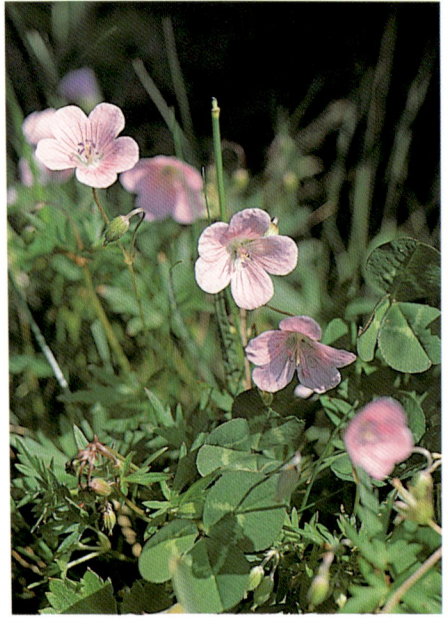

우단쥐손이
Geranium vlassovianum FISCH.

회배노관초(灰背老鸛草), 쥐털쥐손이라 불리기도 하는 쥐손이풀과의 다년생초본이다. 우리나라 북부 지방의 고원지, 백두고원 초원에 자란다.
높이는 15센티미터 안팎이고, 전체에 퍼진 잔털과 긴 털이 빽빽이 난다. 6, 7월에 분홍색 꽃이 피고 7, 8월에 열매가 익는다. 원줄기, 화경 및 소화경의 털이 수평으로 퍼지는 것이 분홍쥐손이와 다르다.

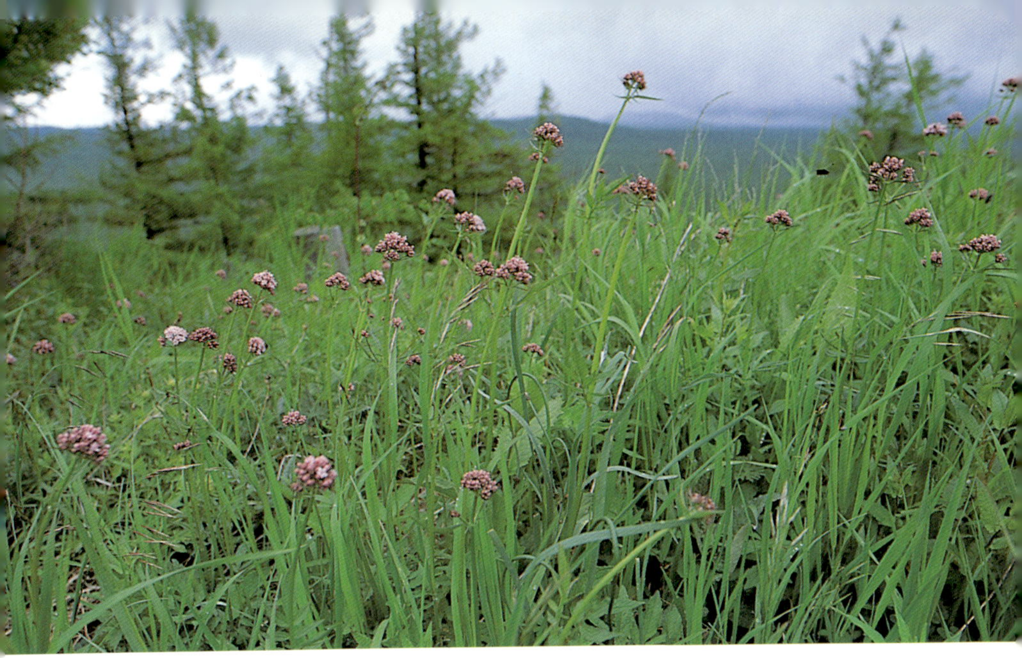

설령쥐오줌풀
Valeriana amurensis SMIRNOV

흑수힐초(黑水纈草), 식부채(媳婦茱), 털쥐오줌풀이라 불리기도 하는 마타리과의 다년생초본이다. 우리나라 북부 지방의 백두고원지 설령(雪嶺), 관모봉(冠帽峰), 무두봉(無頭峰)의 고원지 초원에서 자란다. 높이는 55센티미터 안팎이고 털이 많이 나 있다. 7월에 연한 홍색 꽃이 피고 8월에 열매가 익는다. 어린 순을 나물로 먹는다.

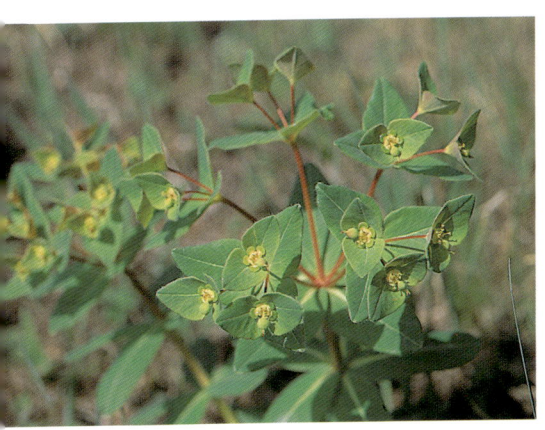

개감수
Euphorbia sieboldiana MORR. et DECNE.

조선대극(釣腺大戟), 낭독(狼毒), 감수라 불리기도 하는 대극과의 다년생초본이다. 우리나라 전국 각지의 산지 숲속에서 자라며, 높이는 20~40센티미터이다. 털이 없고 녹색이지만 처음에 나올 때는 홍자색(紅紫色)이 돈다. 줄기를 자르면 유액(乳液)이 나오고 뿌리가 옆으로 벋는다. 5, 6월에 자갈색 꽃이 피고 7, 8월에 열매가 익는다. 유독성 식물이며 뿌리를 대극과 같이 이뇨제로 쓴다.

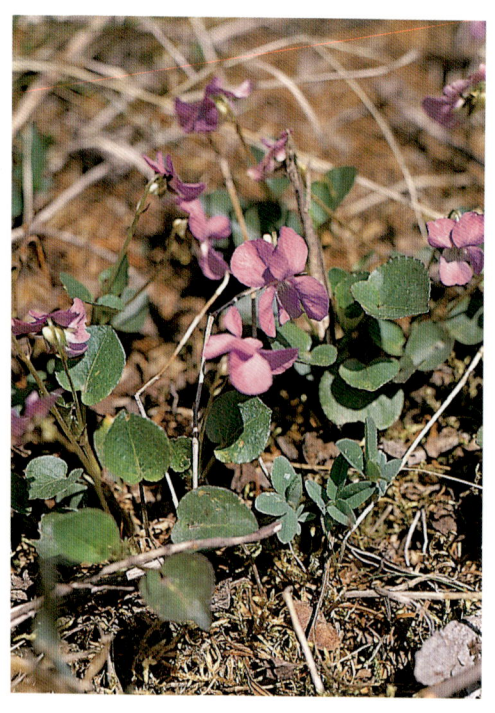

참졸방제비꽃
Viola koraicnsis NAKAI

조선근채(朝鮮菫菜)라 불리기도 하는
제비꽃과의 다년생초본이다. 우리나라
북부 지방, 백두고원의 가문비나무 및
잎갈나무숲부터 해발 2,400미터 지역에
까지 퍼져 자란다.
높이는 15센티미터 안팎이다. 근경은
짧고 선단이 흑색 비늘 같은 잎으로 덮
여 있다. 5, 6월에 연한 보라색 꽃이
피고 7, 8월에 삭과가 익는다.

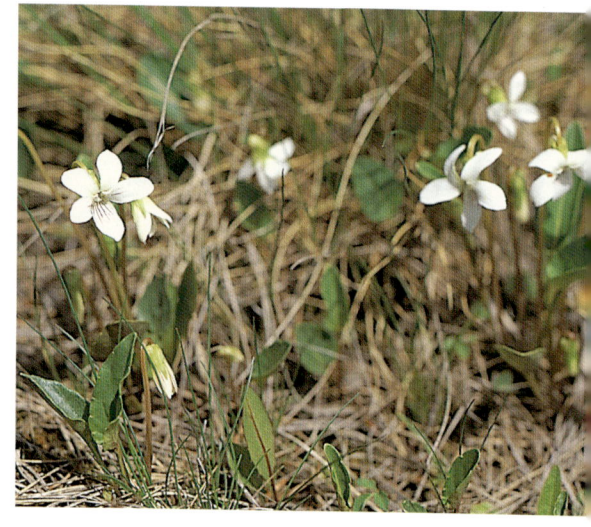

흰갑산제비꽃
Viola kapsanensis for. albiflora T. LEE

백갑산근채(白甲山菫菜)라 불리기도
하는 제비꽃과의 다년생초본이다. 우
리나라 북부 지방의 갑산과 백두고원.
백무고원 등의 초원지에서 자란다. 높
이는 4~10센티미터이고, 근경의 선
단에서 잎이 모여 나며 약간 길게 자
란다.
5, 6월에 백색 꽃이 피고 7, 8월에 삭
과가 익는다. 갑산제비꽃은 연한 보라
색 꽃이며 좀 낮은 곳에서 자란다.

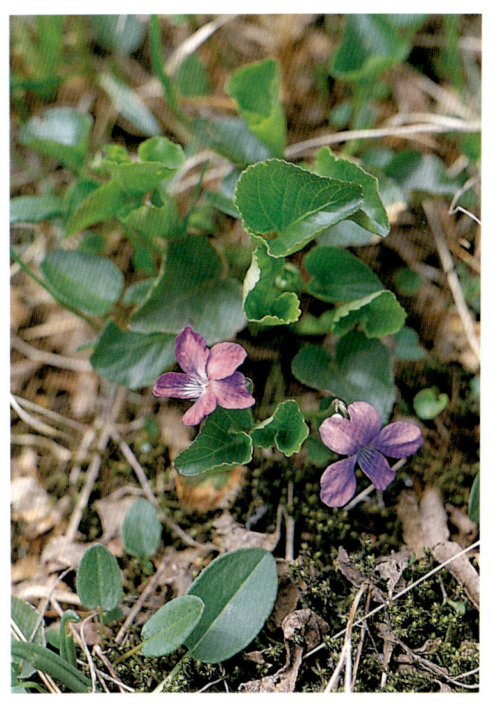

왜졸방제비꽃
Viola sacchalinensis
BOISS.

임생근채(林生菫菜), 왕졸방제비꽃이라
불리기도 하는 제비꽃과의 다년생초본
이다. 우리나라 북부 지방 부전고원(赴
戰高原) 및 갑산(甲山), 백두고원의 고
원지 잎갈나무숲에서 자란다.
높이는 2~5센티미터이며 근경이 짧고
원줄기는 몇 개씩 비스듬히 선다. 열매
가 열릴 때는 높이가 10~25센티미터로
자라며 마르면 갈색의 점이 생긴다.
5, 6월에 연한 자주색 꽃이 피고 7, 8
월에 삭과가 익는다.

사동미나리
Cnidium davuricum(JACQ.)
FISCH. et MEYER

달호리사상(達呼里蛇床), 다후리
아벌사상자, 다후리아사상자라 불
리기도 하는 미나리과의 다년생초
본이다. 우리나라 북부 지방의 고
산지대, 백두산 지역의 농사동(農
事洞)과 삼하면, 그리고 백두산 천
지 호반 부근에서 자란다.
높이는 50센티미터 안팎이며 털은
없다. 7, 8월에 백색 꽃이 핀다. 9
월에 열매가 익는데 6개의 날개 같
은 능선이 있다.

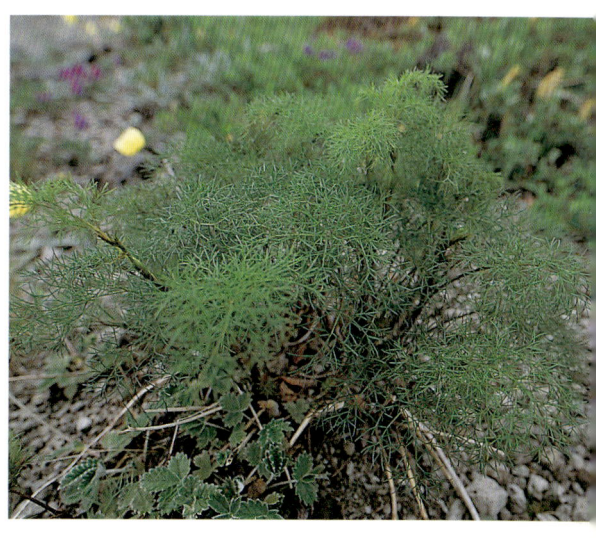

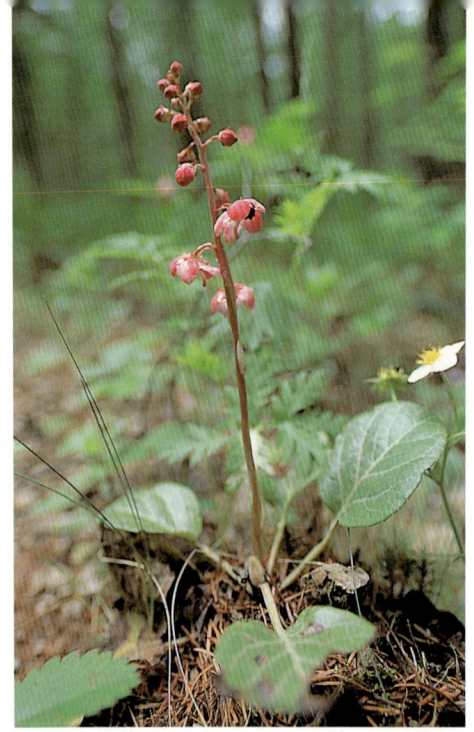

분홍노루발
Pyrola incarnata FISCH.

홍화녹제초(紅花鹿蹄草), 파혈단, 분홍
노루발풀이라 불리기도 하는 노루발풀과
의 상록성 다년생초본이다. 우리나라 북
부 지방의 백두고원 잎갈나무숲에서 자
란다. 높이는 20센티미터 안팎이다. 근
경이 옆으로 벋는데, 간혹 여러 대가 한
군데에서 모여 나고, 뿌리에서 3~5개의
잎이 나온다. 6, 7월에 홍색 꽃이 피고 9
월에 삭과가 익는다. 풀 전체를 이뇨제로
쓰거나 즙을 내어 독충(毒蟲)에 쏘인 데
바른다.

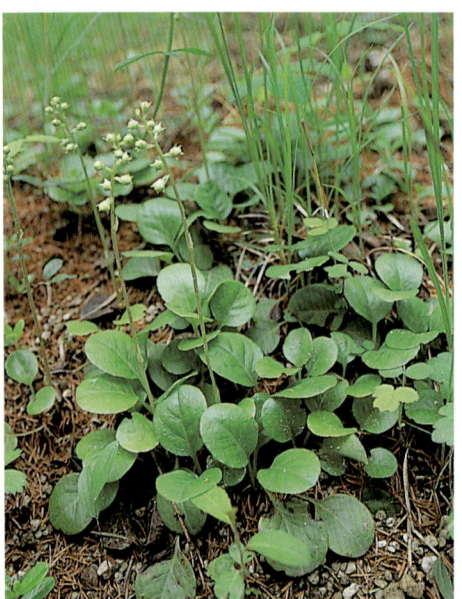

호노루발
Pyrola dahurica(H. ANDRES)
KOM.

흥안녹제초(興安鹿蹄草)라 불리기도 하는
노루발풀과의 상록성 다년생초본이다. 우
리나라 북부 지방 부전고원 및 백두고원
에서 자란다.
높이는 23센티미터 안팎이고 모든 잎이
뿌리에서 나온다. 6, 7월에 백색 꽃이 피
고 8, 9월에 삭과가 익는다. 분홍노루발
과 같은 용도의 약재로 쓴다.

노랑만병초

Rhododendron aureum
GEORGI

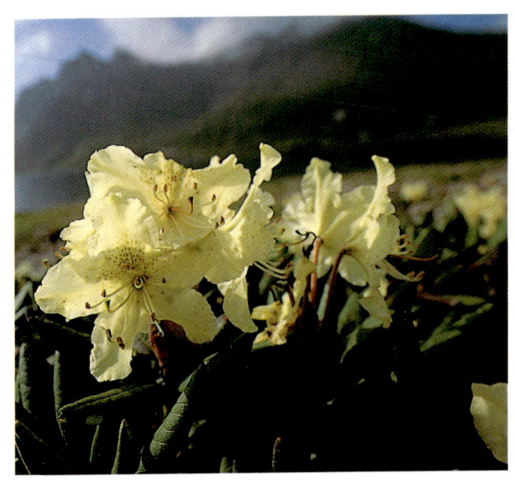

우피두견(牛皮杜鵑), 황화두견(黃化杜鵑), 석남화(石楠花), 만병초(萬病草), 노랑뚝갈나무, 들쭉나무라 불리기도 하는 진달래과의 상록관목이다. 우리나라 중부 지방과 북부 지방의 고산지대, 백두산 고원지에 많이 자란다. 높이는 1미터 안팎이고, 어린 가지에는 잔털이 있으나 자라면서 없어진다. 5∼7월에 연한 황색 꽃이 피고 9월에 삭과가 익는다. 잎은 강정제(强精劑)로 사용한다.

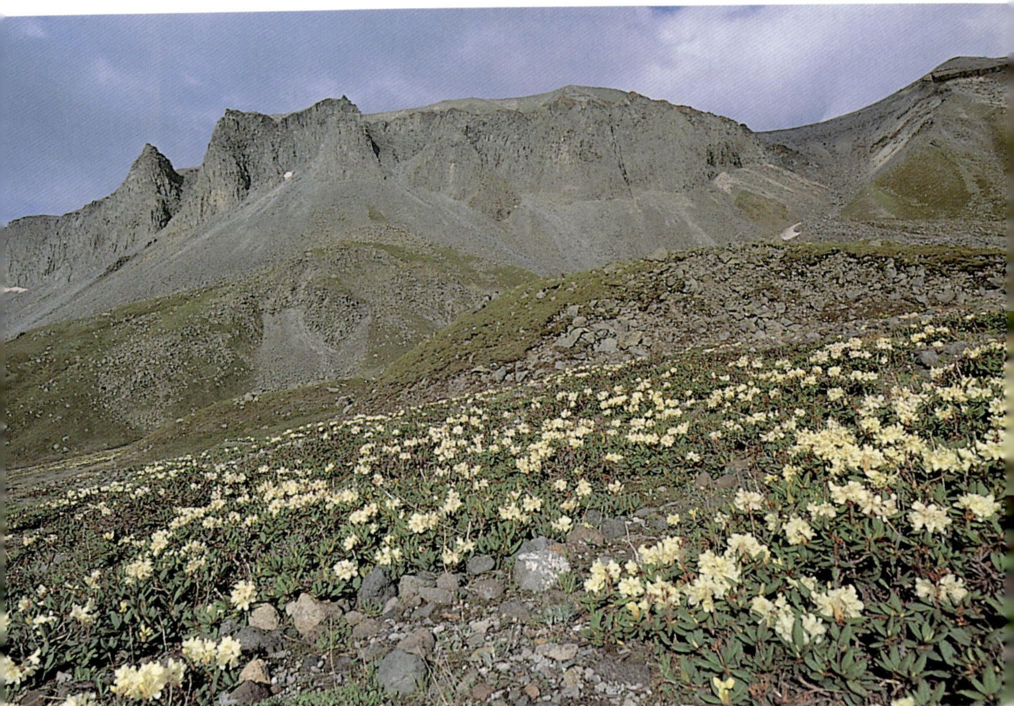

만병초

Rhododendron brachycarpum D. DON

홍법씨두견(紅法氏杜鵑), 뚝갈나무, 들쭉나무, 석남이라 불리기도 하는 진달래과의 상록관목
이다. 우리나라 남부 지방, 중부 지방 울릉도, 북부 지방의 고산지대에서 자란다. 높이는 4
미터 안팎이다. 어린 가지에는 회색 털이 빽빽하게 나지만 곧 없어지면서 갈색으로 변한다.
6, 7월에 연한 백색, 연한 황색, 연한 홍색의 꽃이 피고 9월에 삭과가 익는다.

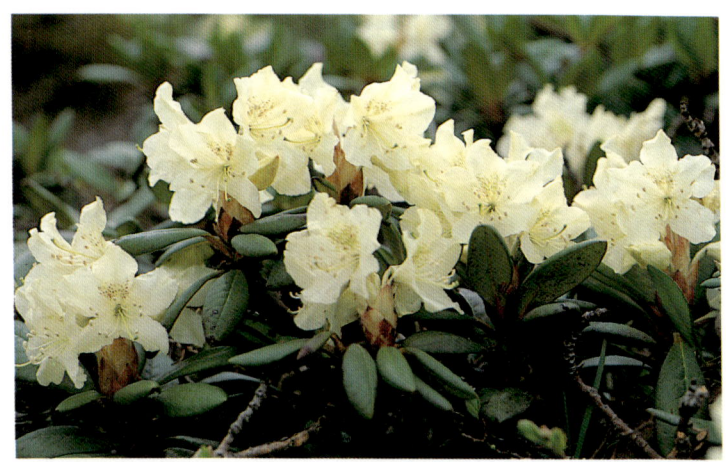

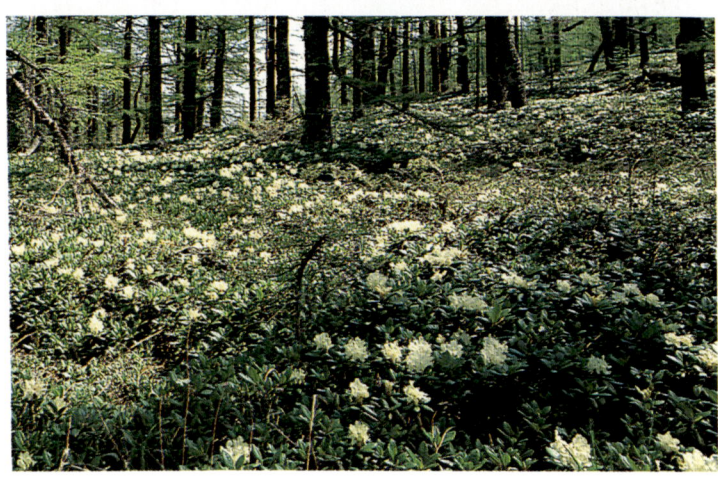

좀참꽃
Rhododendron redowskianum MAX.

포엽두견(苞葉杜鵑), 소철쭉, 좀참꽃나무라 불리기도 하는 진달래과의 상록소관목이다. 우리나라 북부 지방 백두고원의 해발 2,000미터 이상의 고원지에서 자란다.
높이는 10센티미터 안팎이며 줄기가 옆으로 누워 자라고 원줄기에서 뿌리가 돋는다. 6, 7월에 홍색 꽃이 피고 9월에 열매가 익는다.

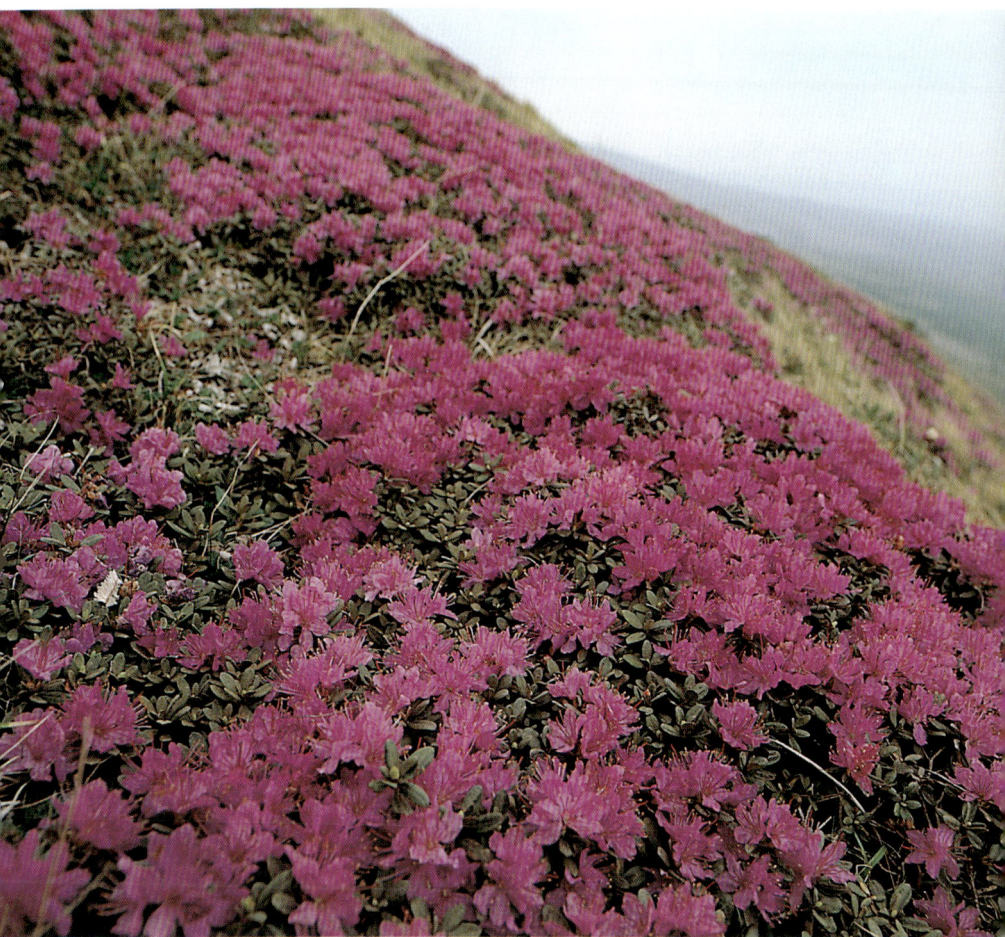

담자리참꽃나무
Rhododendron parvifolium var. alpinum GIEHN

모전두견(毛氈杜鵑), 담자리참꽃이라 불리기도 하는 진달래과의 상록성 소관목이다. 우리나라 북부
지방의 고산지대, 백두고원의 수목한계선 이상에서 자란다. 높이는 10~15센티미터이다. 잎 뒷면
에 갈색의 비늘 조각이 빽빽이 나 있다. 6, 7월에 홍자색 꽃이 피고 9월에 열매가 익는다.

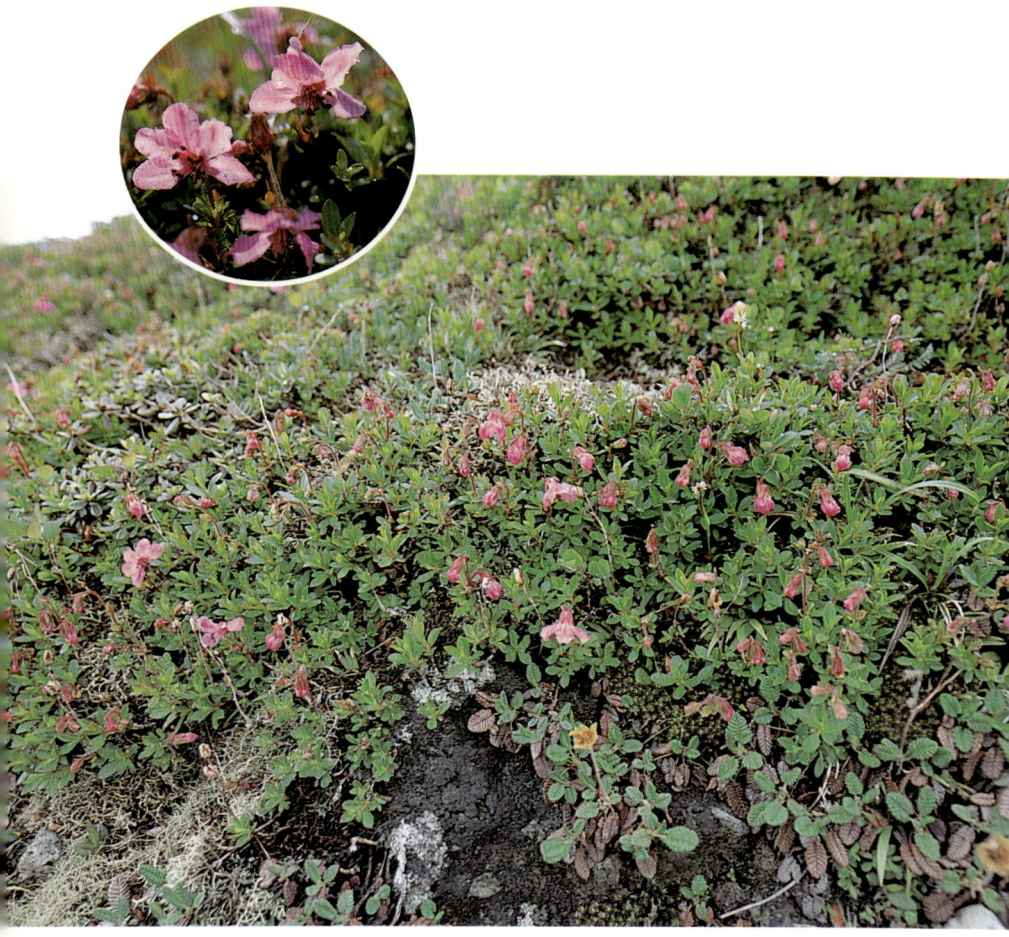

백산차(白山茶)

Ledum palustre var. diversipilosum NAKAI

두향(杜香), 안식향(安息香), 안춘향(安春香)이라 불리기도 하는 진달래과의 상록소관목이다. 우리나라 북부 지방의 고산지대, 백두고원의 잎갈나무숲에서 많이 자란다. 높이는 15~100센티미터이고 뿌리에서 맹아가 많이 나온다. 어린 가지에는 다갈색 털이 빽빽이 나 있다. 5, 6월에 백색 꽃이 피고 8월에 열매가 익는다. 잎은 차(茶)로 마신다.

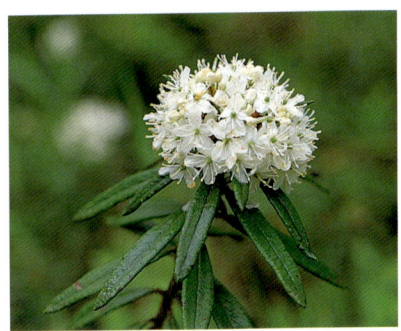 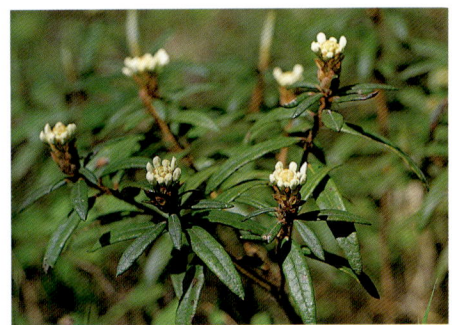

좁은잎백산차

Ledum palustre var. decumbens HULTEN.

백산차(白山茶)라 불리기도 하는 진달래과의 상록소관목이다. 우리나라 북부 지방의 고산지대인 백두고원의 무두봉(無頭峰)에서 많이 자란다. 높이는 15~70센티미터이고 뿌리에서 맹아가 많이 나온다. 어린 가지에는 다갈색의 털이 빽빽하게 나는데, 백산차보다 잎이 좁다는 점이 다르다. 6, 7월에 백색 꽃이 피고 9월에 열매가 익는다. 잎은 차로 마신다.

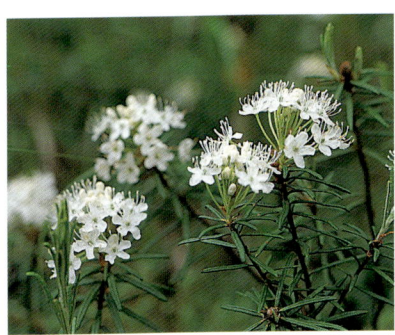 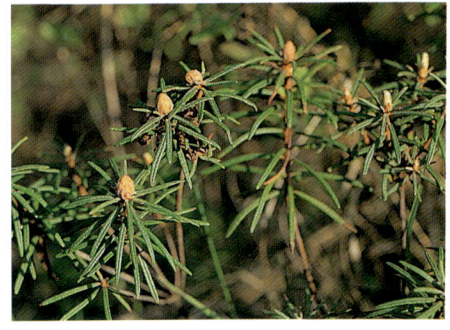

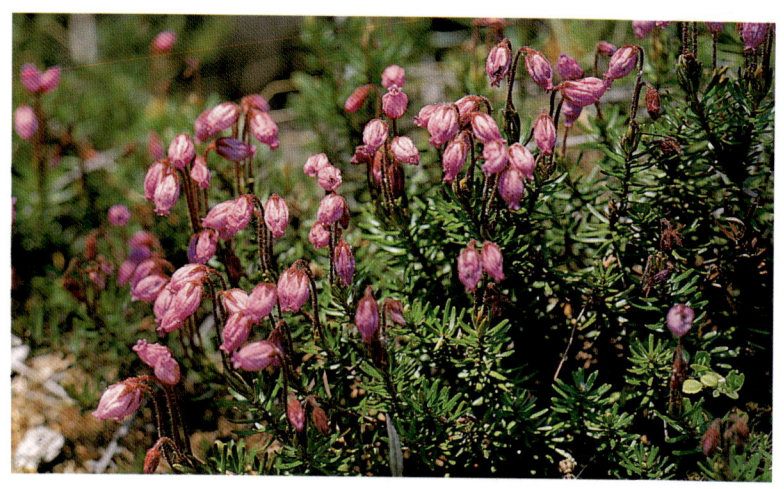

가솔송
Phyllodoce coerulea(L.) BAB.

송모취(松毛翠)라 불리기도 하는 진달래과의 상록소관목이다. 우리나라 북부 지방의 고산지대 백두고원에 많이 난다.

높이는 10~25센티미터이고 밑동이 옆으로 누우며 자란다. 가지가 많이 갈라지고 잔털이 있다. 6 ~8월에 홍자색 꽃이 피고 9월에 열매가 익는다. 잎이 소나무 잎 같다고 해서 이름이 지어졌다.

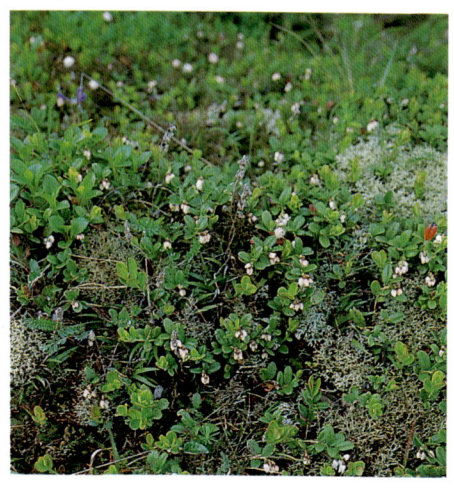

월귤
Vaccinium vitis-idaea L.

소월길(小越桔), 산중과(山中果), 월귤나무, 땃들죽이라 불리기도 하는 진달래과의 상록소관목이다. 우리나라 중부 지방 설악산 이북과 북부 지방의 고산지대 백두고원에서 자란다. 높이는 2~30센티미터이고 지하경과 잔털이 있다. 5, 6월에 연한 홍색 꽃이 핀다. 8, 9월에 열매가 붉은색으로 익으면 먹을 수 있는데, 신맛이 강하게 난다.

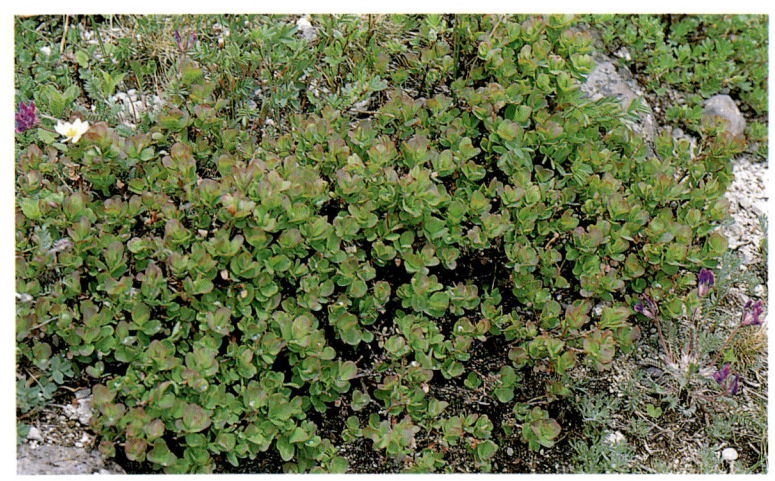

들쭉나무
Vaccinium uliginosum L.

독사월길(篤斯越桔), 흑두목(黑豆木), 들죽나무, 가령들쭉나무라 불리기도 하는 진달래과의 낙엽소관목이다. 제주도의 한라산과 강원도 이북 북부 지방의 고산지대에서 많이 자란다. 높이는 1미터 안팎이고, 가지는 갈색이며 어린 가지에 잔털이 있거나 없는 경우도 있다.
5, 6월에 녹백색(綠白色) 꽃이 피고 8, 9월에 열매가 흑자색(黑紫色)으로 익는다. 열매는 백분(白粉)으로 덮여 있고, 달고 신맛이 있어 음료재로 많이 쓴다.

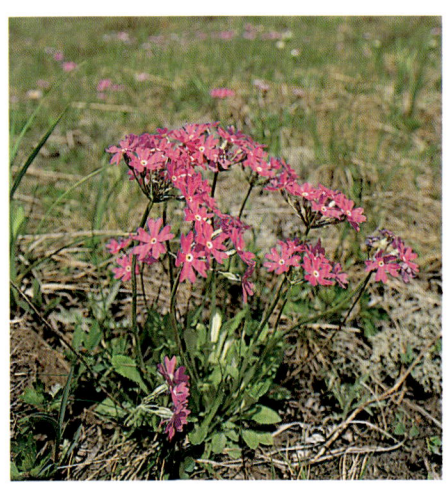

좀설앵초
Primula sachalinensis
NAKAI

살합임앵초(薩哈林櫻草)라 불리기도 하는 앵초과의 다년생초본이다. 우리나라 북부 지역 고산지대 낭림산에서부터 백두고원에 이르기까지, 고원지의 습지 근처 초원에서 자란다.
높이는 10~17센티미터이고 모든 잎이 뿌리에서 나온다. 5, 6월에 홍자색 꽃이 피고 8월에 삭과가 익는다. 관상초로 많이 심는다.

명천봄맞이꽃
Androsace septentrionalis L.

북점지매(北点地梅), 북봄맞이라 불리기도 하는 앵초과의 1년생초본이다. 우리나라 북부 지방의 고산지대 백두산에서부터 시베리아까지 널리 분포한다. 높이는 10센티미터 안팎이며 모든 잎이 뿌리에서 나와 지면으로 퍼진다. 6, 7월에 삭과가 익는데, 종자는 갈색이고 3개의 능선이 있다.

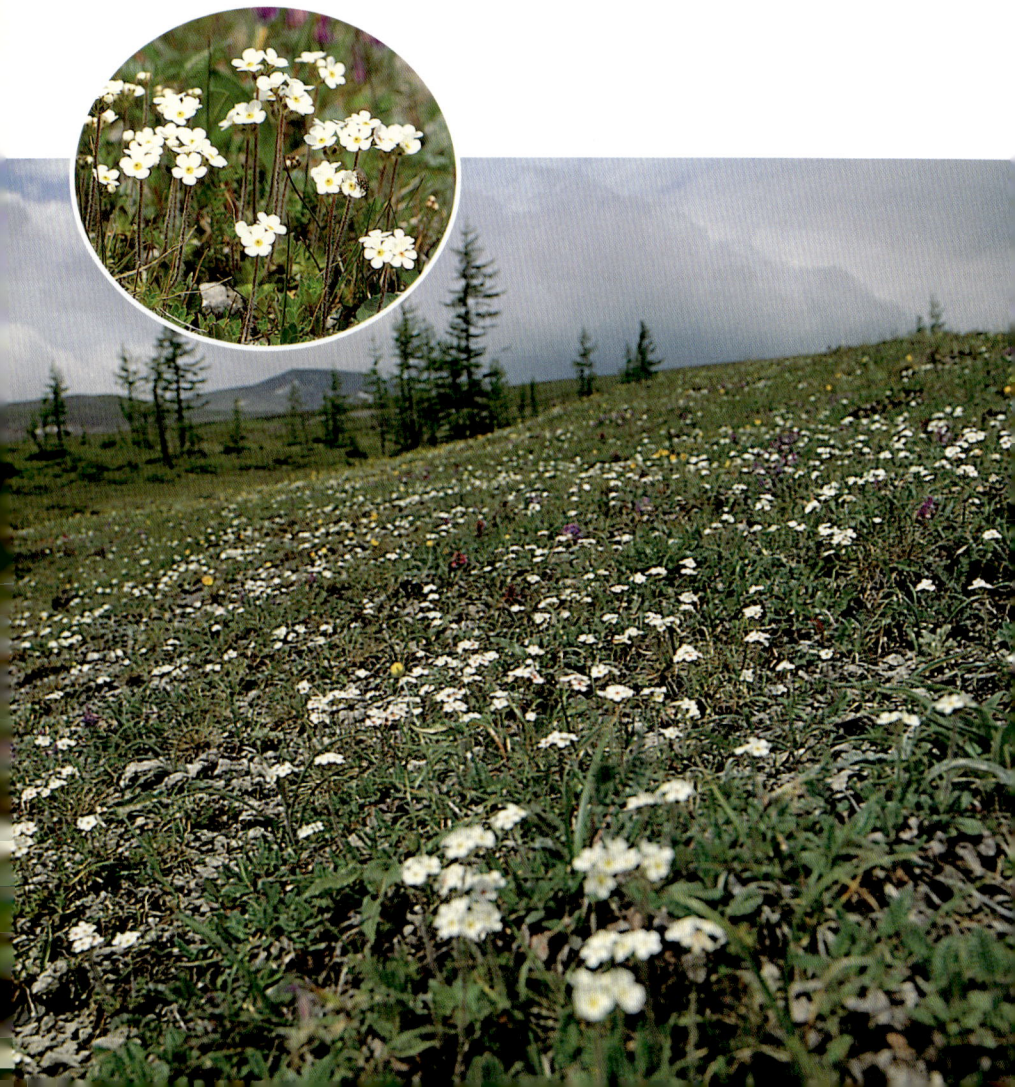

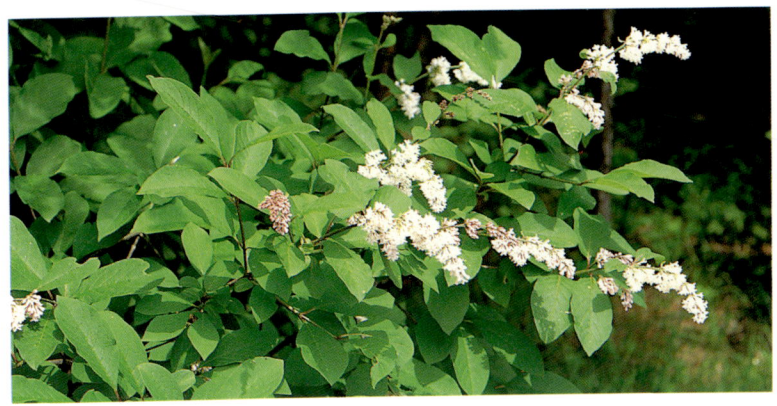

털개회나무
Syringa velutina KOM.

전모정향(氈毛丁香), 관동정향(關東丁香)이라 불리기도 하는 물푸레나무과의 낙엽관목이다. 우리
나라 각지의 심산 지역에서 자라며 높이는 3미터 안팎이다. 작은 가지는 가늘고 털, 또는 선모가
있다. 5, 6월에 연한 자주색 꽃이 피고 9월에 열매가 익는다. 관상수로 많이 심는다.

구슬봉이(구슬봉이)
Gentiana squarrosa LEDEB.

인엽용담(鱗葉龍膽), 석용담(石龍膽), 구실봉이라 불리기도 하는 용담과의 2년생초본이다. 전국 각
지의 양지 바른 풀밭에서 자란다. 높이는 2~10센티미터이고, 밑에서 갈라져 모여서 자라며 잔 돌
기가 있다. 5, 6월에 연한 자주색 꽃이 피고 7, 8월에 삭과가 익는다.

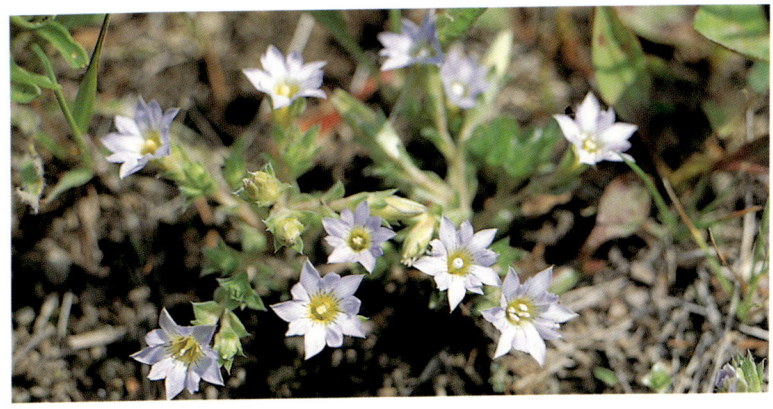

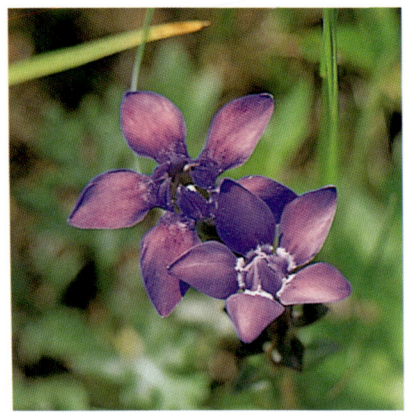

비로용담
Gentiana jamesii HEMSL.

백산용담(白山龍膽), 비로과남풀, 비로룡담
이라 불리기도 하는 용담과의 다년생초본이
다. 우리나라 중부 지방, 강원도 이북 및 북
부 지방의 백두고원, 백두산 고원지에서 많
이 자란다.
높이는 5~12센티미터이고 줄기가 네모지며
흔히 적자색이 돈다. 밑 부분에서 실 같은
포복지가 옆으로 벋으면서 작은 잎이 달린
다. 6~8월에 벽자색(碧紫色) 꽃이 피고 8,
9월에 삭과가 익는다.

왜지치
Myosotis sylvatica(EHRH.) HOFFM.

임생물망초(林生勿忘草)라 불리기도 하는 지치과의 다년생초본이다. 우리나라 북부 지방의 심산 지
역 백두산의 고원지 숲속에서 자란다. 높이는 20~40센티미터이고 전체에 퍼진 털이 흩어져서 난
다. 6~8월에 연한 벽자색 꽃이 피고 8, 9월에 짙은 갈색의 분과(分果)가 익는다.

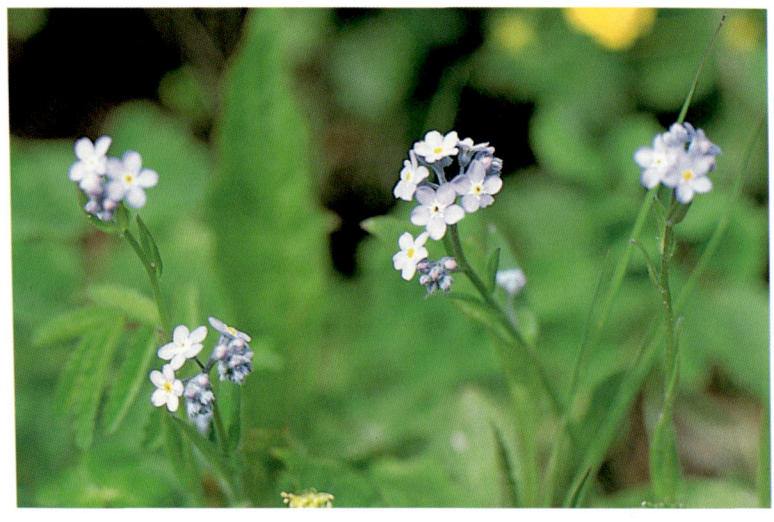

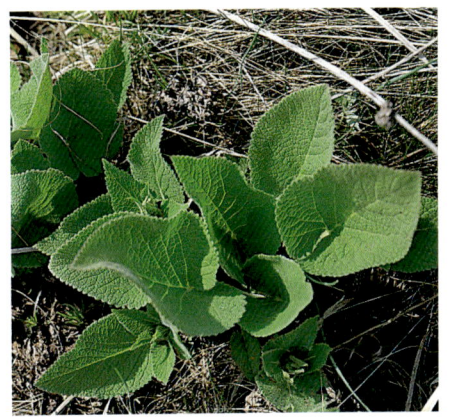

산속단
Phlomis koraiensis NAKAI

조선조소(朝鮮糙蘇)라 불리기도 하는 꿀풀
과의 다년생초본이다. 우리나라 북부 지방의
백두고원 심산 지역에서 자라고, 높이는 60
센티미터 안팎이다.
전체에 짧은 털이 빽빽하게 나며, 방추상(紡
錘狀)으로 굵어진 뿌리가 사방으로 퍼진다.
8, 9월에 연한 홍색이 도는 꽃이 피고 9월에
종자가 익는다. 뿌리는 타박상, 금창 및 부
인병의 약으로 사용한다.

구름송이풀
Pedicularis verticillata L.

윤엽마선호(輪葉馬先蒿)라 불리기도 하는 현삼과의 다년생초본이다. 우리나라 북부 지방 고산지대
인 부전고원, 백두고원에서도 해발 2,000미터 이상에서 많이 자란다. 높이는 5~15센티미터이고,
화서와 원줄기의 능각(稜角)에 부드러운 털이 있으며, 밑에서 가지가 갈라진다. 6~8월에 홍자색
꽃이 피고 8, 9월에 삭과가 익는다.

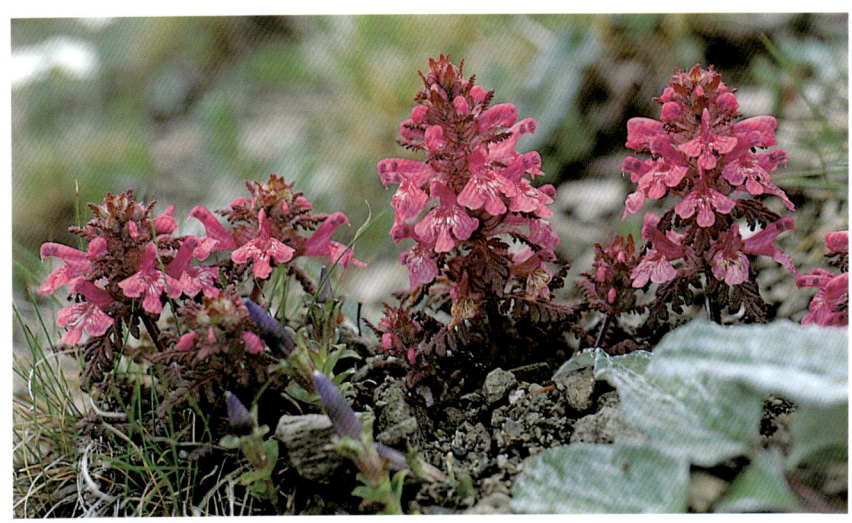

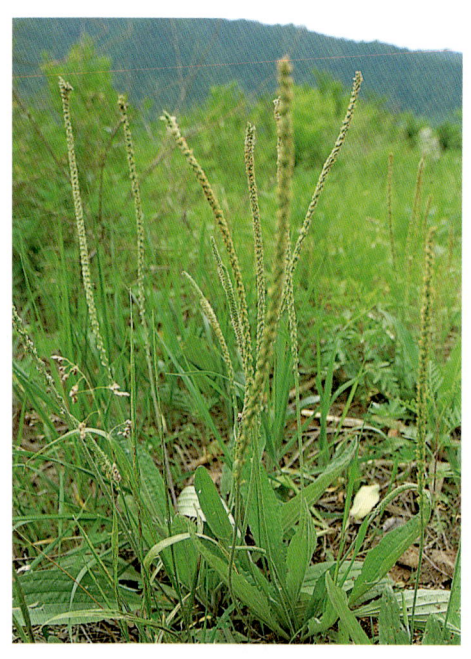

털질경이
Plantago depressa WILLD.

모차전(毛車前), 모엽소차전(毛葉小車前)
이라 불리기도 하는 질경이과의 다년생초
본이다. 우리나라 중부 이북 지방의 바닷
가 및 북부 지방의 두만강변에서 자란다.
질경이와 비슷하지만 꽃 부분이 작다.
높이는 15센티미터 안팎이다. 5~7월에
백색 꽃이 피고 7, 8월에 삭과가 익는다.
연한 잎은 나물로 먹고 종자는 약용으로
쓴다.

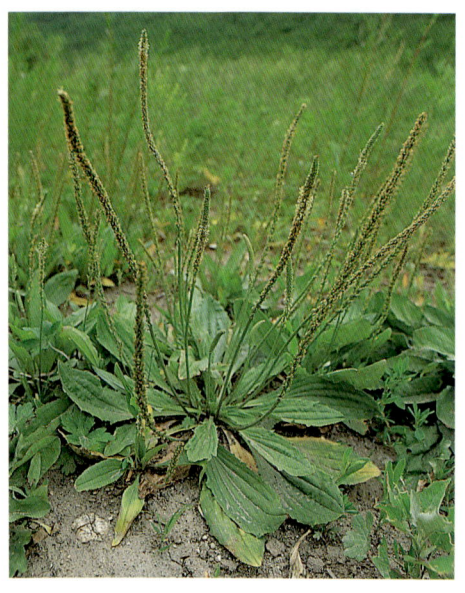

개질경이
Plantago camtschatica CHAM.

차전초(車前草), 차전자(車前子), 개질갱
이라 불리기도 하는 질경이과의 다년생초
본이다. 전국 각지의 바닷가 등지에서 많
이 자라며 높이는 15~30센티미터이다.
원줄기가 없고 뿌리에서 잎이 나와 비스
듬히 자라며, 백색 털이 있다. 5, 6월에
백색 꽃이 피고 7, 8월에 삭과가 익는다.
연한 잎은 나물로 먹고 종자는 약용으로
쓴다.

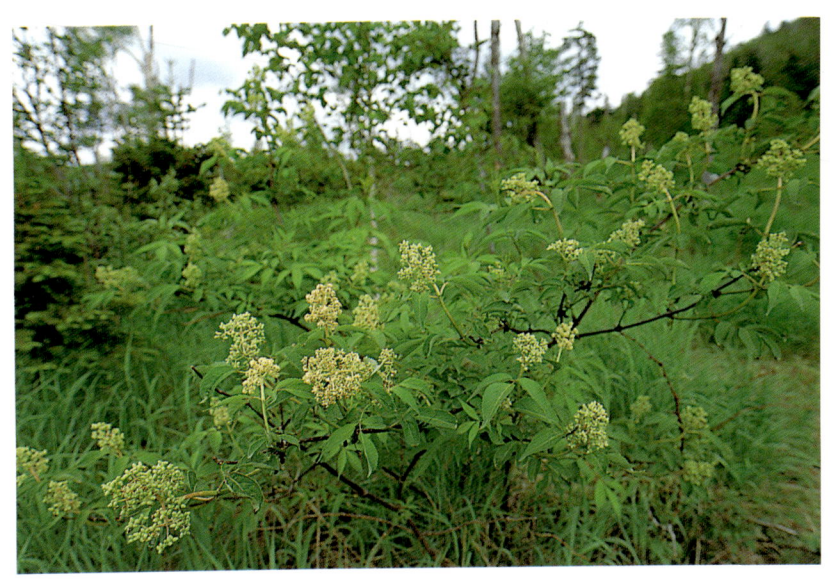

딱총나무
Sambucus williamsii var. Coreana NAKAI

조선관엽접골목(朝鮮寬葉接骨木), 고려접골목이라 불리기도 하는 인동과의 낙엽관목이다. 전국 각지의 산골짜기, 공기중에 습기가 있는 곳에서 잘 자란다. 압록강 상류에서도 많이 볼 수 있다. 높이는 3미터 안팎이고 줄기의 골속이 암갈색이다. 어린 가지에는 털이 없고 동아는 끝이 둔하다. 5, 6월에 황록색 꽃이 피고 7, 8월에 열매가 붉은색으로 익는다.

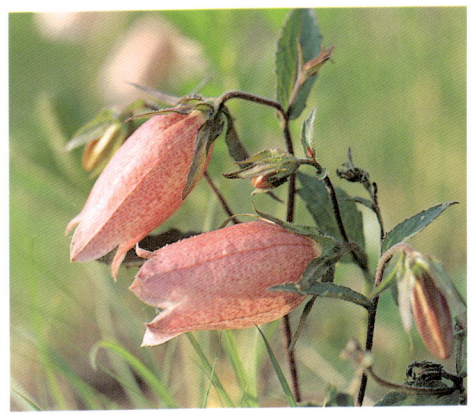

자주초롱꽃
Campanula punctata var. rubriflora MAKINO

홍화반풍령초(紅花斑風鈴草), 자지초롱꽃이라 불리기도 하는 도라지과의 다년생초본이다. 우리나라 북부 지방 심산지역에서 많이 자란다. 높이는 30~80센티미터이고 전체에 퍼진 털이 있으며, 흔히 옆으로 자라는 포복지가 있다. 6~8월에 붉은색이 도는 짙은 자주색이나 연한 자주색 등의 꽃이 피는데 안쪽에 짙은 반점이 있다. 7~9월에 종자가 익는다.

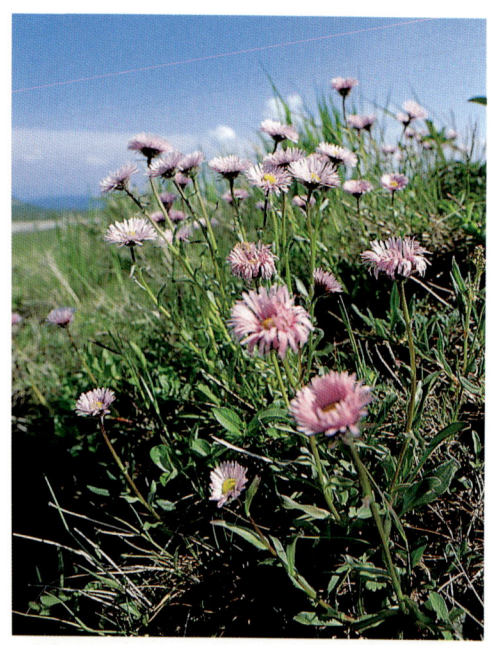

구름국화
Erigeron thunbergii var. glabrata A. GRAY

무모장씨비봉(無毛藏氏飛蓬), 동국이
라 불리기도 하는 국화과의 다년생초본
이다. 우리나라 북부 지방의 고산지대
백두고원에서 많이 자란다.
높이는 10~35센티미터이고, 아래 부
분에 묵은 잎이 비늘처럼 남아 있다.
6, 7월에 자주색 꽃이 피고 8, 9월에
수과가 익는다.

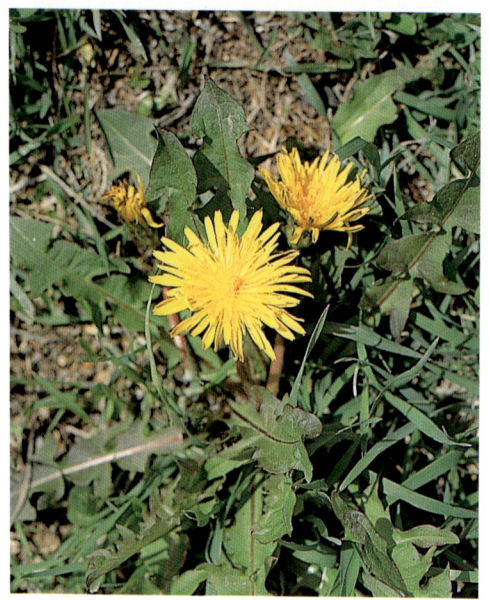

산민들레
Taraxacum ohwianum KITAMURA

동북포공영(東北蒲公英)이라 불리기도
하는 국화과의 다년생초본이다. 전국
각지의 심산 지역, 약간 습기 있는 곳
에 자라며 백두고원에서도 자란다.
높이는 10센티미터 안팎이다. 원줄기가
없고 뿌리에서 잎이 나와 사방으로 퍼
진다. 5, 6월에 황색 꽃이 피고 6, 7월
에 종자가 익는다. 어린 잎은 나물로
먹고 뿌리는 약용으로 쓴다.

서양민들레(약민들레)
Taraxacum officinale WEBER

약포공영(藥蒲公英), 포공영(蒲公英)이라 불리기도 하는 국화과의 다년생초본이다. 원산지는 유럽인데, 전국 각지와 백두고원에까지 많이 자란다.

높이는 15센티미터 안팎이며 잔디밭이나 길가에서 흔히 볼 수 있다. 뿌리가 깊이 들어가며 잎이 지면에서 사방으로 퍼진다. 3~9월에 황색 꽃이 피고 종자는 4월부터 익는다. 잎은 야채로 먹으며 뿌리는 약용으로 쓴다.

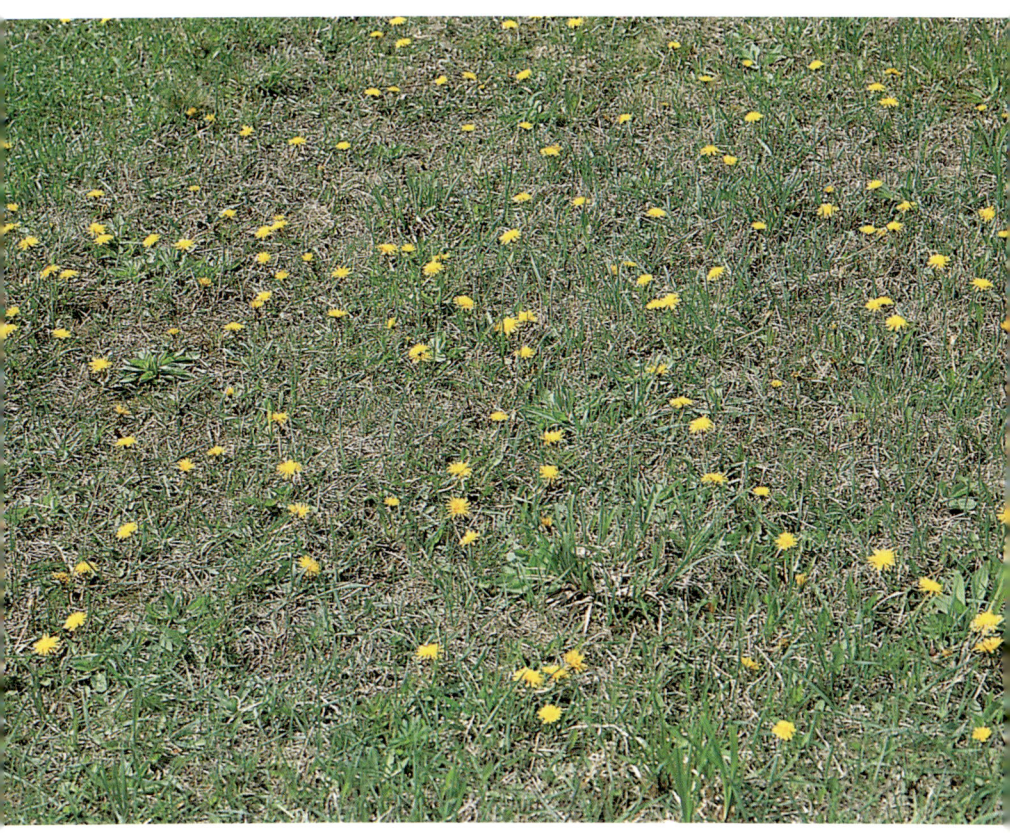

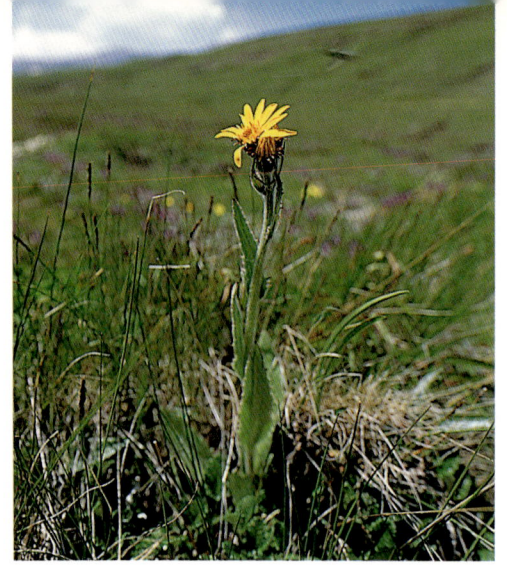

산솜방망이
Senecio flammeus TURCZ.

홍륜천리광(紅輪千里光), 두메쑥방망
이라 불리기도 하는 국화과의 다년생
초본이다. 우리나라 제주도 한라산
및 중부 지방 강원도의 고원지, 북부
지방의 백두고원에서 자란다.
높이는 15~40센티미터이다. 골이 파
진 능선과 거미줄 같은 털이 있고 끝
에서 사방으로 갈라진다.
6~8월에 황색, 황적색 꽃이 피고 8,
9월에 종자가 익는다.

개머위
Petasites saxatile (TURCZ.) KOM.

석생봉두엽(石生蜂斗葉), 관동화라 불리기도 하는 국화과의 다년생초본이다. 우
리나라 중부 지방, 강원도 이북 및 북부 지방의 백두고원 숲속과 길가, 수목한계
선(백두산) 위에서도 볼 수 있으며, 천지 호반 부근에서도 무리 지어 자란다.
높이는 15센티미터 안팎이고 근경이 옆으로 길게 벋는다. 6, 7월에 백색 꽃이 피
고 7, 8월에 종자가 익는다.

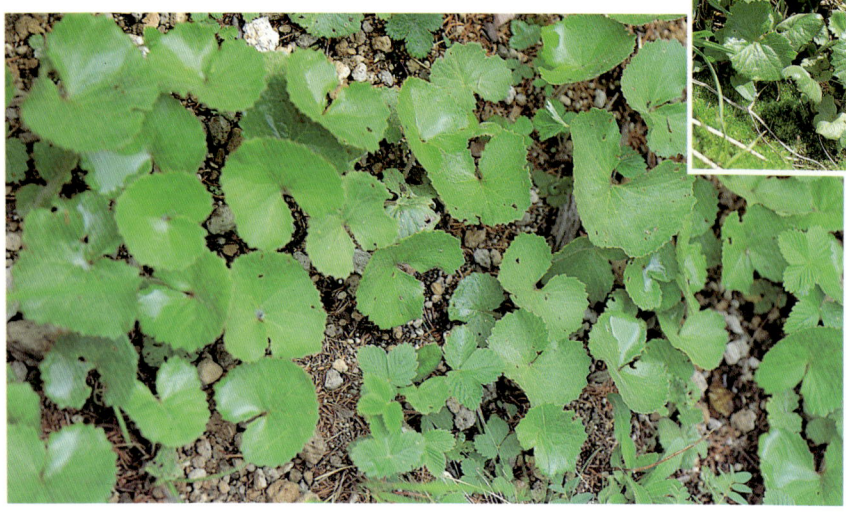

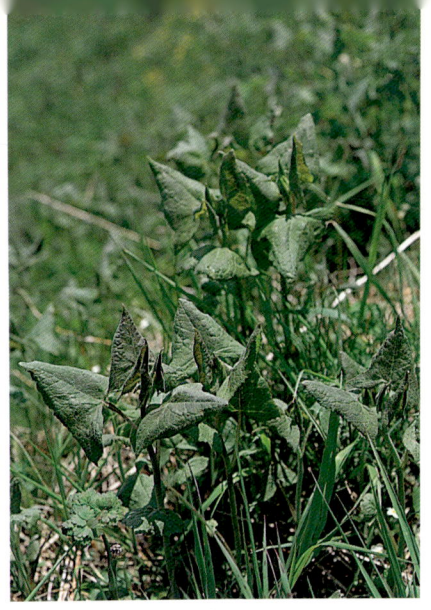

귀박쥐나물
Cacalia auriculata DC.

이엽해이초(耳葉蟹耳草), 이엽해갑초(耳葉蟹甲草)라 불리기도 하는 국화과의 다년생초본이다. 우리나라 북부 지방의 심산 지역 숲속에서 자란다.
높이는 35~60센티미터이고 마디를 따라 꾸불꾸불 자란다. 8, 9월에 자주색 꽃이 피고 9, 10월에 종자가 익는다. 어린 순은 나물로 먹는다.

곰취
Ligularia fischeri (LEDEB.) TURCZ.

북탁오(北橐吾), 능소(能蔬), 마제자완(馬蹄紫菀)이라 불리기도 하는 국화과의 다년생초본이다. 전국 각지의 심산 지역 약간 습기 있는 곳에서 자란다. 높이는 1, 2미터이고 근경이 굵다. 7, 8월에 황색 꽃이 피고 8, 9월에 종자가 익는다. 어린 잎은 삶았다가 말려서 먹고 생으로도 먹는다.

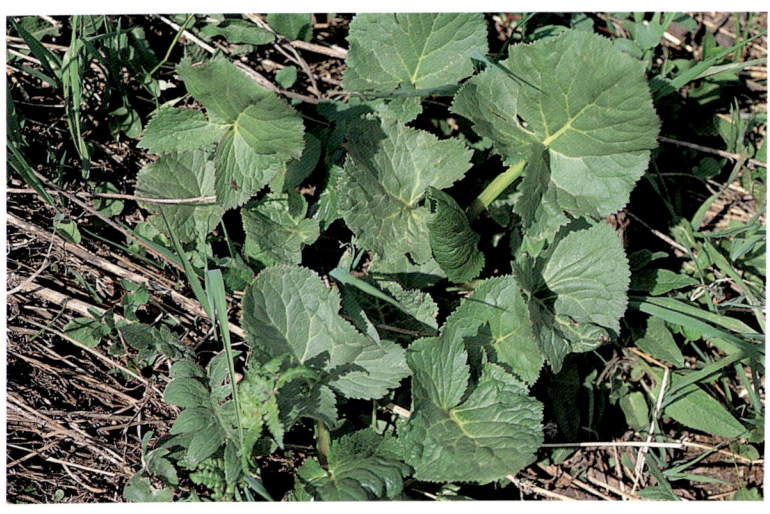

더위지기

Artemisia iwayomogi KITAMURA

조선인진호(朝鮮茵蔯蒿), 인진호(茵蔯蒿), 댕강쑥이라 불리기도 하는 국화과의 낙엽관목이다. 전국 각처의 산이나 들판에서 자라고 높이는 100센티미터 안팎이다. 여럿이 모여서 자라고 밑동이 목질화(木質化)되며, 윗부분에서 가지가 갈라진다. 7, 8월에 황록색 꽃이 피고 8, 9월에 종자가 익는다. 식물 전체를 소염성 이뇨제 등 약으로 쓴다.

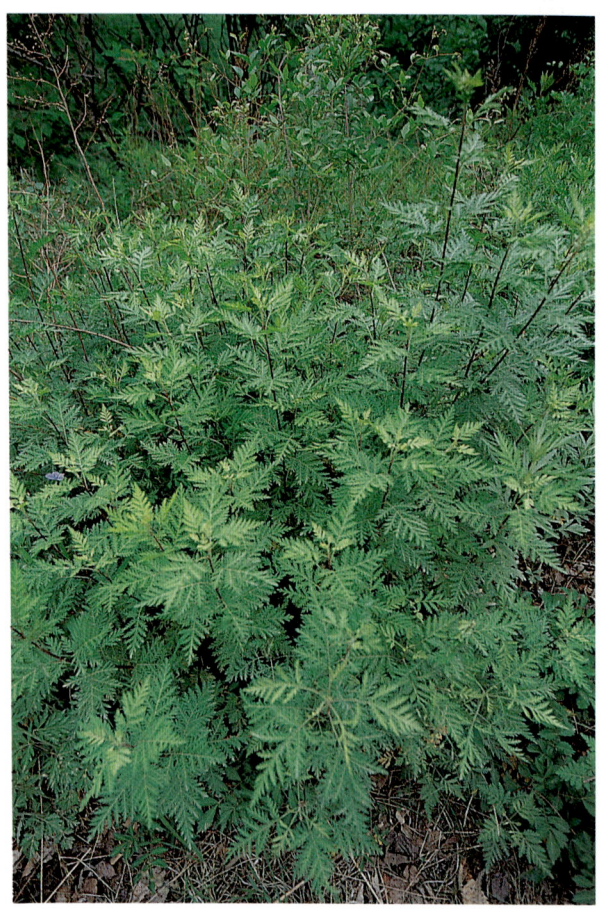

백두고원의 식물 찾아보기

백두고원 탐사팀

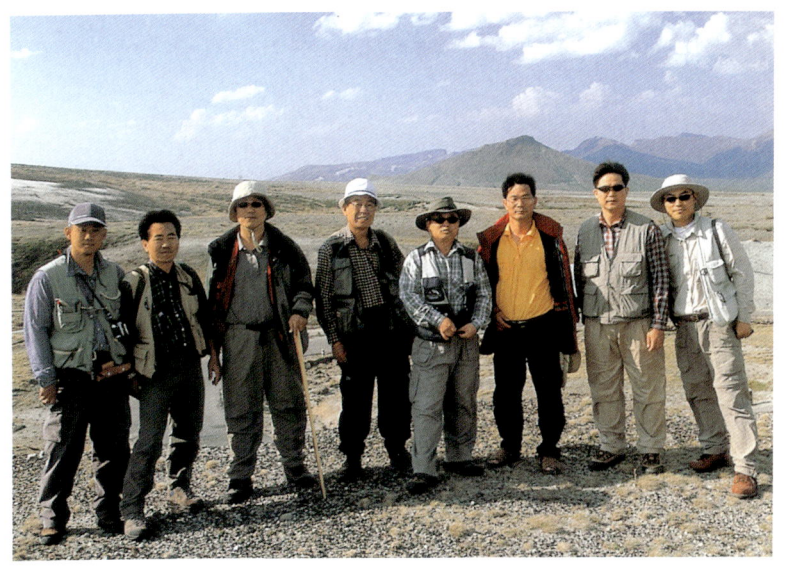

8명의 백두고원 탐사팀 왼쪽에서부터 이영준 박사, 한상훈 박사, 설상환 프로듀서, 김태정 박사, 김관수 카메라맨, 김종환 카메라맨, 이은수 프로듀서, 강규원 카메라맨이다.

사람도 견디기 힘든 세찬 바람과 황량한 자갈밭.
바위틈에서 살아가는 온갖 생명은 많은 것을 말하고 있었다.
긴꼬리올빼미는 오늘도 사냥을 나서고,
우는토끼는 오늘도 바위틈에서 하루를 시작할 것이다.
그 존재만으로 위대한 백두고원.
이제 그 산하가 무엇을 말하는가에 귀 기울여야 할 때이다.

참고 문헌

〈백두고원의 지질〉

류충걸, 「백두산 지역 신생대 화산활동과 지질층서」, 『북한학보』 제24집, 1999.

소원주, 윤성효, 「백두산 화산의 홀로세 대분화 연구:개관」, 『대한지구과학회지』 20, 1999, pp.534~543.

심혜숙, 『백두산』 빛깔있는 책들 190, 대원사, 1997.

윤성효, 원종관, 이문원, 「백두산 일원의 신생대 화산활동과 화산암류의 특성 고찰」, 『대한지질학회지』 29, 1993, pp.291~307.

윤성효, 최종섭, 「백두산 천지 칼데라 화산의 역사 분출 기록」, 『대한지구과학회지』 17, 1996, pp.376~382.

이돈 외 18인, 『백두산총서(지질)』, 과학기술출판사, 1993.

Tarbuck, E.J. and Lutgens, F.K., *The Earth*, Macmillian, New York, 1993, p.465.

※ 위의 참고 문헌들은 백두산의 지질 역사 및 흥미 있는 자료들에 대하여 보다 자세한 내용들을 담고 있다. 본문 내용 중 일부분이 위의 참고 문헌들을 바탕으로 이루어졌으며, 각 내용에 대한 구체적인 인용 표기는 생략하였음을 밝혀 두는 바이다.

〈백두고원의 야생동물〉

김정락 외, 『백두산 탐험 자료집』, 과학백과사전종합출판사, 1998, p.279.

백두산탐험대, 『백두산총서-백두산 지도첩』, 과학기술출판사, 1994.

심재한, 『생명을 노래하는 개구리』, 다른세상, 2001, p.271.

양서영(편저), 『한국산 양서류 총설』, 인하대학교 생물학과 계통진화학 연구실, 2000, p.187.

어홍담 외, 『백두산총서(동물)』, 과학기술출판사, 1993, p.391.

한상훈, 「북한의 포유류」, 『자연보존』, 자연보전협회, 1994.

城山正三, 『비경 백두산 천지-탐험 기록』, 叢文社, 1970, p.181.

Chen, S-L., Hikida, T., Han, S-H., Shim, J-H., Oh, H-S., and Ota, H., *Taxonomic Status of the Korean Populations of the Genus Scincella (Squamata: Scincidae)*, J. Herpetology, 35(1), 2001, pp.122~ 129.

Zao, E-M. and Adler K., *Herpetology of China*, Soc. for the Study of Amphibians and Reptiles, 1993, pp.522+pls.48.

〈백두고원의 야생화〉

김태정, 『백두산의 우리꽃』, 현암사, 1993.

─────, 『한국의 자원식물』, 서울대학교출판부, 1997.

백두산탐험대, 『백두산총서-백두산 지도첩』, 과학기술출판사, 1994.

이창복, 『대한식물도감』, 향문사, 1993.

임록재, 『조선식물지(북한)』(3쇄), 과학기술출판사, 1998.

한진곤, 『한중식물명칭사전』, 과학기술출판사, 1982.

빛깔있는 책들 301-41

백두고원

글·사진	─김태정, 이영준, 한상훈
기획	─KBS

회장	─차민도
발행인	─장세우
발행처	─주식회사 대원사

기획·편집	─김분하, 김옥자, 최명지
미술	─위명자, 손경림
총무	─이훈, 박지현, 정문철
영업	─이규헌, 강승일, 이광복

첫판 1쇄 ─2002년 2월 25일 발행

주식회사 대원사
우편번호/140-901
서울 용산구 후암동 358-17
전화번호/(02) 757-6717~9
팩시밀리/(02) 775-8043
등록번호/제 3-191호
http://www.daewonsa.co.kr

₩ 9,800원

Daewonsa Publishing Co., Ltd.
Printed in Korea(2002)

ISBN 89-369-0247-4 04400

빛깔있는 책들